기다림 육아

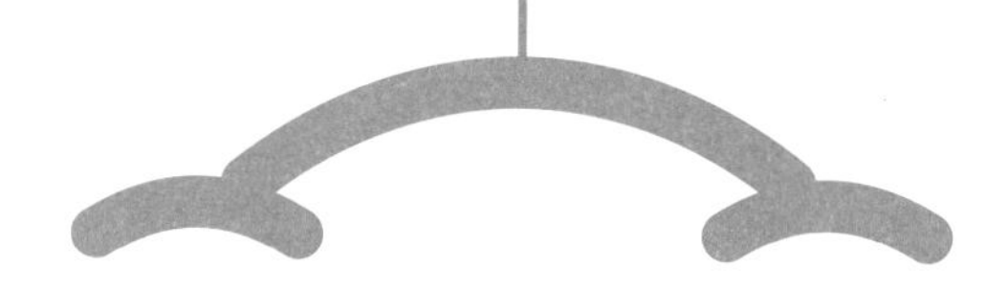

기준을 세우고 한 발 물러나 바라보는

기다림 육아

이현정 지음

지식너머

있는 그대로의 내 아이를 사랑하고 싶은 엄마를 위한 육아 공부

아이가 처음 내게 온 날을 기억하면 지금도 가슴이 먹먹합니다. 고열로 인해 의도치 않게 예정일보다 10일 먼저 태어난 아이. 그 자그마한 아이를 품에 안았던 순간의 감동을 잊지 못합니다. 이제껏 살아오며 단 한 번도 느껴보지 못한 감정이었습니다. 아이가 태어나던 날 저도 새로 태어났던 것 같습니다.

하루가 다르게 커가는 아이와 매 순간이 처음이라 서툴기만 했던 엄마. 부족한 엄마를 이해하는 건지 아이는 자세가 서툰 어미임에도 불구하고 젖을 참으로 잘 물어주었고, 서툴게 목욕을 시켜도 우는 일이 없었습니다. 아이가 일찍부터 낯을 가려 백일부터 쉽지 않았던 육아였지만, 그런 과정에서 울고 웃으며 초보 엄마는 더 많이 성장했던 게 아니었나 합니다.

아무것도 몰라서 매 순간이 실수의 연속이었던 육아. 그 시기에 한줄기의 빛이 되어 준 것은 육아를 시작하면서 읽었던 수많은 육아서였습니다. 육아서에 적힌 내용 가운데 필요한 부분을 꼼꼼하게 메모해가며 내 아이를 조금씩 이해하게 되었고, 스스로를 돌아보았습니다.

물론 책 속에 나온 내용이 모두 내 아이와 맞았던 것은 아닙니다. 육아책을 통해 아이에게 맞는 길을 하나씩 이해하고 인정하면서 저의 육아는 10년이 지난 지금까지도 생애 몇 안 되는 행복했던 시간으로 기억됩니다.

그렇게 시작된 저와 제 아이의 육아 이야기를 블로그에서 많은 분과 공유하면서 함께 위로하고 격려하며 마음을 나누었습니다. 전문가가 아닌 평범한 엄마였지만, 나도 그 시기를 함께 지나왔기에 위안을 주고 작게나마 힘을 보탤 수 있지 않을까, 하는 마음으로 용기를 냈습니다.

도움이 되었던 육아서들을 정리하면서 육아에서 가장 중요한 것은 '내 아이의 성향과 기질을 제대로 이해하기'였습니다. 부모가 내 아이의 민감기를 이해하고 시기적절한 도움을 주는 것, 그리고 내 아이를 기다려주는 마음을 준비하는 것은 참으로 커다란 축복과도 같은 일일 것입니다. 완벽해야 한다는 부담을 내려놓고 나를 다독이며 아이와 소중한 시간을 온전히 느껴보셨으면 좋겠습니다.

그리고 아셨으면 합니다. 누구나 다 그러했음을…. 나만 그런 것이 아닌, 누구에게나 처음은 어렵고 힘들다는 것을. 내가 못나서도, 내가 부족해서도 아닌 나 또한 걸음마를 하는 아기처럼 모든 게 처음이기 때문이라는 것을. 실수에 좌절하기보다는 '다음번에는 이런 실수는 하지 않을 테니 다행이다'라고 생각하셨으면 좋겠습니다.

시행착오를 통해 많은 상황을 마주하면서 그만큼 더 많은 경험을 나와 아이가 했다고 생각했으면 좋겠습니다. 한순간에 모든 것이 달라지는 것은 환상일 뿐입니다. 조급함을 내려놓고, 1년이란 시간이 봄에서 여름, 가을, 겨울로 이어지듯 천천히 육아의 시간을 느껴보셨으면 좋겠습니다. 정상만을 바라보며 그것을 향해 달려가는 것이 아니라 한 걸음 한 걸음 산책하는 마음으로 숲의 향기도 느껴보고 작은 꽃 한 송이에도 시선을 주면서 아이와 발맞춰 걸어보시면 어떨까요? 지저귀는 새소리도 가슴에 담아보시고, 잠시 그루터기에 앉아 쉴 수 있는 여유도 가지면서 말이에요.

육아는 두려움의 다른 이름이 아닙니다. 두 번 다시 돌아오지 않을 귀한 시간입니다. 여러분이 아이의 성장 과정마다 만나게 되는 수많은 시행착오가 아이와 나를 위한 성장의 원동력이자 소중한 선물이 될 것입니다.

마음을 다해 응원합니다. 어제까지는 몰랐더라도 오늘 깨달았기에 다르게 볼 수 있다는 생각, 그 마음가짐 하나만으로도 아이와 나의 지금이 더 풍요로워지길 희망합니다.

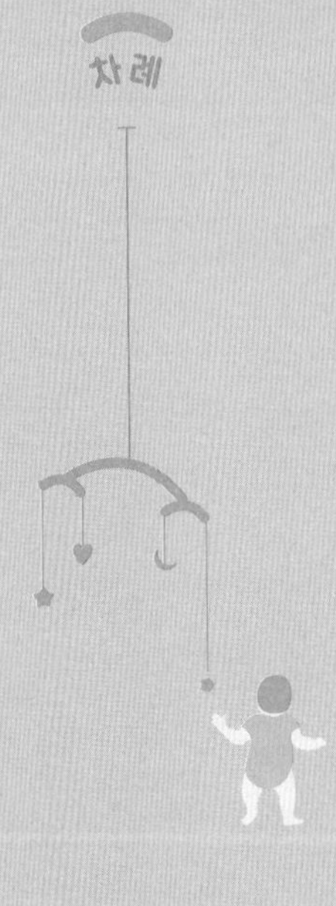

차례

완벽한 엄마가 되려는 당신께

'좋은 엄마'가 된다는 것

우리 아이, 잘 크고 있는 걸까?

아이 발달 기본기 다지기

엄마는 매일이 시행착오 중입니다

엄마의 나쁜 습관

기다림 육아

한 발 물러서서 바라보기

당신, 괜찮아요?

엄마 스스로의 마음 살피기

Part 1

완벽한 엄마가 되려는 당신께

'좋은 엄마'가 된다는 것

'좋은 엄마'는 '완벽한 엄마'가 아니다

아이를 키우는 것에 대한 기대가 컸기에 완벽한 육아를 꿈꾸며 맞이한 나의 아이. 작고 예쁜 내 아이는 세상의 모든 아이가 그렇듯 내가 그림을 그리며 상상했던 모습과는 달랐다. 아이는 예상 밖의 행동으로 나를 자꾸만 당황하게 했고, 나의 의지대로 움직여주지 않았다. 나는 아이의 그 모습을 바라보며 아이를 있는 그대로 받아들여야 한다고 매 순간 되뇌어야 했다.

'좋은 엄마'가 되고 싶다는 간절함에 수없이 많은 노력과 시행착오를 겪었다. 하지만 정작 '좋은 엄마는 어떤 엄마를 말하는가?'라는 질문에는 어떠한 대답도 할 수 없었다.

주변 사람들의 말에 휩쓸려서 혹은 사회에서 으레 바라는 엄마의 이상향을 향해 쉼 없이 달렸지만, 지금껏 그 의미조차 제대로 생각해보지 못했던 것이다. 과연 '좋은 엄마'란 어떤 엄마일까?

'좋다'의 사전적 의미

좋다 「형용사」

① 대상의 성질이나 내용 따위가 보통 이상의 수준이어서 만족할 만하다.
예시) 품질이 좋다.

② 성품이나 인격 따위가 원만하거나 선하다.
예시) 그녀의 성격은 더할 수 없이 좋다.

③ 말씨나 태도 따위가 상대의 기분을 언짢게 하지 아니할 만큼 부드럽다.
예시) 사람을 대하는 그의 태도는 좋다.
대화를 하는 그의 말투는 기분이 상쾌할 정도로 좋았다.

④ 신체적 조건이나 건강 상태가 보통 이상의 수준이다.
예시) 혈색이 좋다.
현재 그녀는 건강이 매우 좋다.

'좋다'의 사전적 의미를 정리하면 '좋은 엄마'란 '성품이나 인격이 원만하거나 선하며, 말씨나 태도가 상대의 기분을 언짢게 하지 아니할 만큼 부드럽고, 신체적 조건이나 건강 상태가 보통 이상 수준의 엄마'라고 정리할 수 있겠다.

'좋은 엄마'의 의미는 일반적으로 통용되는 '좋은 엄마'의 의미와 크게 다르지 않았다. 그리고 '좋은 엄마'가 사회에서 기대하는 '완벽함'을 요구하는 것이 아니라는 걸 알게 되었다.

의미를 제대로 풀어놓고 보니 '좋은 엄마'만큼은 어렵지 않게 해낼 수 있을 것 같다는 자신감이 생겼다. 동시에 사회가 인정하는 '완벽한 엄마'가 될 필요는 없다는 생각이 들었다. 가장 중요한 것은 내 아이에게 좋은 영향을 주는 엄마가 될 수 있도록 노력하고 배우려는 마음가짐일 테니 말이다.

그렇게 나는 육아를 시작하면서 누구보다 뛰어나게 잘 해내겠다는 욕심은 내려놓기로 했다. 아이가 크는 것을 지켜보고, 스스로 할 수 있도록 도와주면 될 일이라고 생각하기로 했다. '완벽한 엄마'가 되는 것보다 '내 아이를 기준으로 삼는 든든한 버팀목 같은 엄마'가 되기로 결심했다.

아이도 처음, 엄마도 처음인 왕초보 커플. 조금씩 고민하고 노력하며 아이를 좀 더 느긋이 바라보다보면 분명 더 좋은 해답을 찾을 수 있을 거라는 막연한 기대와 믿음을 무기 삼아 나의 육아는 그렇게 시작되었다.

육아, 그 시작에 앞서

'육아'의 사전적 의미는 '어린아이를 기름'이다. 그리고 '어리다'라는 말의 의미는 '나이가 적다. 10대 전반을 넘지 않은 나이를 이른다'라고 되어 있다.

그래서 육아는 태어나서 10살이 되기까지의 아이를 기르는 과정이자, 부모로서 '스스로 해낼 수 있는 아이'로 자라도록 많은 기회를 제공하고 믿어주는 과정을 말한다. 그러니 성장하면서 아이가 실수와 실패를 경험하더라도, 부모는 아이가 건강히 자라는 과정이라고 이해하며 아이의 곁을 지켜줘야 한다.

물론, 아이가 스스로 해나가기는 쉽지 않다. 어른의 도움을 받는 것보다는 더딜 것이고, 부모 역시 온전히 아이에게 맡기기에는 걱정이 클 수밖에 없다.

그렇기에 '스스로'라는 과정은 엄마의 모범 제시와 간단한 안내가 필요하다. 내가 나서서 해주는 것이 아닌 '할 수 있는 방법을 아이의 눈높이에 맞춰 알려주는 것' 혹은 '아이가 배워야 하는 부분을 부모가 먼저 실천하며 일상적으로 아이에게 보여주는 것' 그리고 가능하다면(위험하지 않다면) '개입하지 않고 느긋이 기다려주는 것' 등의 과정들이 모여 스스로 해내는 아이를 만드는 것이 아닐까?

함께 손잡고 걸으면 딱 나의 허리밖에 오지 않던 아이가 어느덧 훌쩍 자라 있는 것을 느낄 때면 우리가 함께 걸어온 시간이 주마등처럼 지나간다.

호기심이 많아 새로운 것에 거침없이 도전하지만, 또 어떤 날에는 조심성을 보이거나 겁을 내기도 하는 아이. 혼자서도 척척 잘 해내지만, 또 어떤 날은 엄마가 함께해주길 바라는 아이.

그렇게 아이는 오늘도 성장 중이다. 그렇게 계속 성장하고 있기에 '아이'인 것이다. 이왕이면 아이가 더 많이 웃고 행복하고 즐거울 수 있기를. 엄마는 오늘도 고민한다. 아이를 위한 더 나은 해답을 찾기 위해 오늘도 힘을 낸다.

그래, 나는 엄마다.

어렵고
힘들어도
나는 엄마다

가끔 이런 생각이 든다. '이 세상에 엄마처럼 중요하고 훌륭한 일을 해내는 이가 또 있을까?'라는 생각 말이다. 예나 지금이나 이름만 들어도 눈시울이 뜨거워지는 그 이름, 엄마. 엄마가 있었기에 지금의 내가 있다고 믿으며 자란 우리들이 아닌가.

그런데, 지금은 너무도 달라졌다. 분명 그런 역할을 하는 것이 엄마이긴 한데, 엄마의 분야가 너무도 광범위해졌다. 오래 전과는 비교할 수 없을 만큼 끊임없이 정보를 수집하고 남보다 혹은 남들만큼 달려나가야 하는 지금의 엄마들. 엄마의 일상을 들여다보면 이 시대가 엄마에게 얼마나 많은 걸 요구하는지 알 수 있다.

예전에는 이렇게 많은 정보를 접할 수도 없었고, 굳이 알아야 할 필요도 느끼지 않았을 것이다. 기본적인 정보는 친정어머니 혹은 가까운 지인, 넓게는 소수의 육아서 정도에서 얻었기에 내 방식대로 내 아이를 키워내는 데 죄책감이 들거나 누구와 비교하여 스트레스를 받는 일이 적지 않았을까?

하지만 지금은 너무도 달라졌다. 쉴 새 없이 육아와 교육에 관한 정보가 쏟아지고 '이 방법이 제일이다, 저 방법이 제일이다'라고 서로 제 목소리를 내기 바쁘다. 엄마들은 이 틈에서 중심을 잡기 힘들뿐더러 혼란은 더욱 가중된다. '괜찮다'라는 말이 위로는커녕 그저 그런 성의 없는 인사치레 정도로 전락했고, 사방에서 맹공을 펼치는 비난과 채찍들로 내가 나를 상처주고 자책하기를 반복하는 일상 속에 살고 있지 않은가. 분위기가 이렇다보니 기쁨과 설렘으로 시작해야 할 육아가 두려움의 대상이 되고 말았다.

웬만한 정신력으로는 버텨내기 힘들다는 의미로 '육아 전쟁'이란 말까지 생겼다. 하지만 우리는 이미 너무 잘 알고 있다. 육아의 과정이 그렇게 고통스러운 것만은 아니라는 것을. 그리고 육아가 결국 내가 감당할 만한 힘듦이며, 지나고 나면 나만의 내공을 가지게 된다는 것을.

무엇보다 중요한 건 나는 내 아이들에게 세상에 하나밖에 없는 엄마라는 점이다. 또한, 나는 아이가 의지하고 온전히 믿을 수 있는 존재이자, 세상을 향해 발을 내딛는 유일한 통로이다.

힘들고 지치고 짜증이 나고 불만이 폭발할 것 같아도 아이들 앞에서는 최대한 자제하고 인내하며 신세 한탄도 잠시 접어둘 수 있는 강인한 정신력을 가진 엄마. 결혼, 살림, 육아 등 많은 분야를 섭렵하고 그 어떤 전문가들보다 내 아이에게는 가장 완벽한 엄마.

단언컨대, 실수가 반복되고 시행착오를 경험하겠지만 그 어떤 훌륭한 육아, 교육의 대가가 온다고 해도 내 아이에게는 내가 제일이다. 내가 가진 본능에 일반적인 상식과 노하우를 더한다면 우리가 기억하는 육아라는 기간이 더욱 밝게 빛날 것임을 확신한다.

Part 2

우리 아이, 잘 크고 있는 걸까?

아이 발달 기본기 다지기

아이들은 저마다의 성장 속도가 있다

모든 아이가 같은 시기에 동일한 성장 단계를 거치는 것은 아니다. 일반적인 성장 단계에서 크게 벗어나지는 않겠지만, 퍼즐처럼 정확한 시기에 맞춰 자라는 아이는 더욱 흔치 않다. 그렇기에 책에서 설명하는 성장 속도는 이론적으로 참고는 하되 모든 기준은 '내 눈앞에 있는 내 아이'라는 것을 기억하자. 내 아이를 기준으로 육아를 시작해야 나와 내 아이의 10년을 제대로 보낼 수 있다.

아이를 키우는 엄마가 마주하게 되는 첫 난관은 아이의 '수면'과 '먹는 것'이다. 특히 '먹는 것'은 수유부터 시작해서 이유식, 먹거리, 밥상머리 교육 등으로 이어지면서 아이의 성장 과정에서 엄마의 가장 큰 숙제이자 고민거리가 될 수밖에 없다.

시간이 흐르면 거짓말처럼 잊혀 "난 참 편하게 아이를 키웠어"라고 말할 수 있을지 모르겠다. 그러나 아이의 수면은 아이를 키우는 과정에서 누구나 한 번쯤은 고민하고 고통을 겪는 일상적인 일이다.

육아로 보낸 나의 지난 시간을 떠올리면 나 역시 망각의 힘 덕분인지 '우리 아이는 잠을 잘 자고, 큰 고생 없이 무난하게 키웠구나'라고 생각한다. 하지만 그날의 세세한 기록들을 살펴보면 수많은 사건이 빽빽하게 나열되어 있기에 육아라는 과정이 쉽지 않았음을 다시 한 번 깨닫는다.

결론부터 이야기하면 내 아이는 분명 예민한 성향을 가졌다. 하지만 모범적인 기질을 가진 아이이고, 다행히도 나와 성향이 잘 맞는 아이임은 분명했다. 아니, 어쩌면 나와 맞다고 믿고 키웠기에 그렇게 생각했는지 모른다. 그렇다 해도 수없이 많은 좋은 기억 속에 적잖이 오랜 기간 동안 아이의 수면과 관련해서는 웃지 못할 이야기투성이다.

곤히 잠든 것 같아 아이를 침대에 눕히면 귀신같이 눈을 뜨고 울음을 터뜨리는 꼬마 녀석 때문에 절망하는 일이 허다했고, 작은 소리에도 아이가 예민하게 반응해서 까치발을 하고 집안을 걸어 다니기도 했다. 그러다보니 아이가 잠이 들면 허기가 지더라도 밥을 차리기보다 그냥 얌전히 앉아 있거나 아이

옆에 누워 쪽잠에 들었다.

어디 그것뿐일까? 이미 식을 대로 식어버린 밥과 국을 데워먹지 못해 신랑이 퇴근해서 올 때까지 종일을 우유로 버텨낸 적도 있었고, 실컷 수유하고 트림을 시키는 과정에서 죄다 토하는 통에 젖이 모자라 배고파 우는 아이를 안고 함께 엉엉 울었던 적도 있었다. 그랬기에 주변 지인들이 "그땐 다 그렇지 뭐. 조금만 참아"라고 위로할 때마다 속이 상했다. 남의 일이니 그토록 쉽게 얘기한다는 생각이 들었기 때문이다.

내 삶은 어디에도 없고, 지치고 힘든 순간에 아이의 백일을 맞았다. 돌, 두 돌이란 시간은 내 아이에게 오기나 하는 건지 한 치 앞도 모르는 고독한 우울함을 대면하며 혼자만의 싸움을 벌였다. 시시각각 흐렸다 맑았다 하는 폭풍 같은 육아 속에서 30년 평생 처음 만나게 되는 나의 이중적인 모습에 적잖이 혼란스러움을 경험하기도 했다.

모르니깐 답답하고, 답답하니 작은 말 한마디에도 요동치던 그 시절. 나는 무엇이든 잘 해낼 거란 환상이 산산이 조각나며, '백일의 기적'은 남의 일이라는 것을 깨달았던 그날. 나보다 아이에 대해 더 잘 아는 누군가의 도움이 절실히 필요하다는 것을 느끼며 육아서 입문을 시작했다.

다양한 육아서를 읽으며 방법론적인 이야기도 필요하지만, 시행착오를 대하는 엄마의 마음가짐을 알려주는 책이 필요함을 느꼈다. 책에 나온 모든 내용이 내 아이에게 딱 들어맞는 것이 아니기 때문이다. 대신 시행착오는 누구나 겪어내는 과정이기에 그 속에서 깨닫는 본인만의 노하우가 중요했다.

0~5세, 그중 특히나 출생부터 첫돌까지는 어느 때보다 빠르게 지나간다. 그래서 육아를 지나면서 많은 도움을 받았던 전문가들의 사례와 그것을 적용하면서 겪었던 시행착오 그리고 그 속에서 탄생한 나만의 노하우를 이 장에서 보여주려고 한다.

우리 아이의 수면에 기억해야 할

KEY POINT

1. 내 마음과 의지대로 아이가 달라질 거라는 기대를 버린다.

2. 낮잠과 밤잠 시간은 가능하면 정해진 시간에 재운다.

3. 취침 시간 전에는 영상(텔레비전, 스마트폰 등)의 노출을 삼간다.

4. 잠자리 스텝을 일관되게 진행한다. 목욕하기, 잔잔한 음악 들려주기, 책 읽어주기 등으로 자야 할 시간에 대한 신호를 아이에게 보내주는 것이 좋다.

5. 낮 시간을 충분히 활동적으로 보낸다. 몸을 움직이고 활동한 만큼 숙면을 할 가능성이 커진다.

2

우리 아이의 기질 존중하기

내가 만난 첫 육아 교과서는 트레이시 호그의 《베이비 위스퍼 골드》다. 이 책은 유아 교육에 일반적 상식을 제외하고는 무지했던 나에게 '아이들은 저마다 다른 기질을 타고 난다'라는 것을 알게 해주었다.

이 책 덕분에 아이의 울음을 언어로 받아들이기 시작했고 생각지도 못했던 시선으로 상황을 바라볼 수 있었다. 시행착오는 다양했지만, 예전보다 상황에 대처를 잘하게 되자 아이도 엄마도 살 만하다는 순간을 경험하는 호사를 누리기도 했다. 이때서야 간간이 나를 돌아보는 마음의 여유를 찾았던 것 같다.

변화를 위해서는 인내심이 필요하다.
아이의 눈높이에 맞춰서 몸을 낮춰야 하고,
부모가 말과 행동을 조심하고 일관성을 보여주는 것,
그리고 아이가 필요로 할 때 옆에 있어야 하고,
아이에게 올바른 길을 가르치는 길잡이가 되어야 한다.

– 트레이시 호그의 《베이비 위스퍼 골드》 중에서

물론, 이 책이 정답은 아니다. 안아주기 / 눕히기에 대한 실패 사례나 불만족스런 결과로 현실과 맞지 않다는 비판을 받는 부분도 있기 때문이다. 하지만 나는 내게 필요했던 의문에 대한 해답을 이 책에서 찾았고 아마 그때부터 어렴풋이 육아란 무엇인지 조금이나마 이해할 수 있었다. 엄마란 이름으로 첫발을 떼며 천천히 걸음마를 하게 해준 입문서 같았다고나 할까?

이 책에서 제안한 대로 아이의 소리에 귀 기울이고 관찰했더니 아이는 기적처럼 4개월에 손가락을 빨며 혼자 자기 시작했다. 아이가 졸리다는 신호를 보냈을 때 바로 인지할 수 있었기에 잠자리에 눕히고는 혼자 재우는 일도 경험할 수 있었다. 임기응변으로 육아를 하게 되면 아이도 엄마도 힘들어진다는 글귀에 덜컥 겁이 나 그 후로는 일관성을 유지하려고 애썼다.

또한, 텔레비전 등의 영상 자극이 아이의 수면에 방해가 된다는 것을 알게 된 뒤로는 우리 부부에게 텔레비전은 그냥 장식품에 불과한 물건이 되었다. 아이가 태어나 최소 24개월까지는 최대한 아이의 새로운 경험을 존중하는 것이 좋다고 생각했고, 그 변화가 힘든 일이라고 생각되지 않았다는 것만으로도 내겐 즐거운 변화였다.

생후 4개월에 손가락을 빨며 혼자 잠이 드는 녀석을 보고 신기해하면서도 손가락에 문제가 생기지 않을까 걱정을 했던 나에게 책 속에서의 글귀들이 위안이 되었고, 뒤집기를 시작하면서부터 눕히면 다시 벌떡 일어나 놀자고 웃어대는 통에 재우기에 위기가 찾아와 다시 혼란을 겪기도 했다.

안아주기 / 눕히기를 성공하면서 돌이 된 녀석이 자신의 방에서 혼자 잠자리에 드는 기적을 경험하기도 했고, 한 달이 채 지나지 않아 한밤중에 깨어서는 엉엉 울어대는 아이를 다시 안방으로 데려와 곁에서 재우는 일상으로 돌아와버리기도 했다.

이것은 아이의 성장 과정에서 계속 반복되는 일이다. 18개월에는 잠자리 독립을 하는 기적을 경험했지만, 4살이 된 아이가 어둠에 대한 공포를 알고부터는 자신의 방에서 혼자 자기를 거부했기에 다시금 엄마 옆자리를 꿰차기도 했다. 8살부터는 자신의 방에서 혼자 자겠다며 책 한 권 읽고는 금세 새근새근 잠이 들어 모두가 평안했지만, 어느 날부턴가 자다 깨어서는 엄마, 아빠 사이로 비집고 들어와 대자로 몸부림치며 자는 통에 다 같이 몸살이 날 뻔했다.

그러면 10살이 된 지금의 아이는 어떨까? 잠 잘 시간이 되면 인사하고 자신의 방에 들어가 책을 읽다 곤히 잠이 드는 아이. 이렇게 지내다 또 언제 어떻게 달라질지 모르는 일이지만, 아이가 온전히 혼자 편안하게 잘 수 있는 날까지 엄마는 기다린다는 마음으로 오늘도 곤히 잠든 녀석의 얼굴에 입을 맞춰본다.

물 흐르듯 자연스레 자신의 성장 속도에 맞춰 자라는 아이들. 강압적으로 혹은 강제적으로 하지 않는다면 언젠가는 부모의 작은 도움만으로도 자신의 성향에 맞게 본인의 삶을 일구어 나가지 않을까?

누구나 경험하는 과정이라 생각하고 내 아이에게 딱 들어맞았던 소소한 노하우들을 메모하며 느긋이 아이의 성장을 지켜보면 육아가 훨씬 수월해진다.

무언가 해보겠다고 온갖 방법을 끌어와 아등바등 내 것으로 만들다보면 아이도 나도 너무 많은 에너지와 노력을 기울여야 한다. 물론 그에 대한 결과가 좋다면 상관없겠지만, 예상과 다른 결과를 맞이했을 때 나와 아이의 틈이 더 벌어져 안 하느니만 못한 것이 될 수도 있다. 따라서 높은 기대치를 내려놓고 아이의 기질과 성향에 집중하면 지금보다 더 좋은 결과를 만날 수 있을 것이다.

육아의 반은 먹는 것에서부터

내 아이를 비롯해 많은 아이를 관찰하며 느낀 것은 아이들은 저마다 자신만의 성장 속도가 있다는 점이다. 왜냐하면 육아의 많은 부분이 아이들이 크는 방향에 따라 수많은 경우의 수가 생기고, 엄마의 계획이 수정되면서 조금씩 앞으로 나아가기 때문이다.

아이의 먹는 습관을 이야기하며 아이들이 지닌 저마다의 성장 속도를 이야기하는 것은 '먹는 것'이 단순히 먹는 것에서 끝나지 않기 때문이다. 먹는 것은 아이가 혼자서 해낼 수 있는 행동의 시작점이기도 하다.

신생아기에 수유를 하면서 시간을 보내다가 5개월 전후

가 되면서 아이는 쌀죽으로 이유식을 시작한다. 어미 새가 아기 새에게 먹이를 주듯 한 입씩 아이에게 먹이고 있자니 내 새끼지만 어찌나 예쁜지, 눈에 넣어도 안 아프다는 말에 공감이 간다.

하지만 그렇게 평온한 시간은 오래가지 않는다. 100% 엄마에게 의존하여 먹기만 하던 아이가 9개월을 전후로 스스로 먹고자 하는 의지를 드러내기 때문이다.

아이가 원하면 손에 숟가락을 쥐여줘야 한다기에 그렇게 했더니 공중으로 숟가락을 날려버리기는 기본. 이유식을 자신의 옷과 머리카락에 범벅을 해대며 방바닥을 난장판으로 만들고 나서야 끝이 나는 아이의 식사에 경악을 금치 못했다. 안 그래도 하루가 어떻게 흘러가는지 모를 정도로 바쁘게 지나는데, 온 집안이 엉망이 되어버리는 상황까지는 도저히 감당할 위인이 되지 못했던 것 같다.

그렇게 녀석의 혼자 먹고자 하는 의지를 잠시 외면하며 두 달의 시간이 흐른 뒤 《칼비테 영재교육법》이라는 도서를 읽고서 아이를 조금은 다른 시각으로 보게 되었다. 그 교육법을 바탕으로 내가 실천한 첫 번째 과제는 '그래, 흘려도 좋다. 네 의지대로 먹을 수 있는 만큼 먹어봐라'라는 마음으로 식사를 아이에게 맡겨보는 것이다.

물론 온전히 맡기는 것은 아니다. 아이가 혼자 할 수 있을 만큼의 기준을 정하고, 엄마가 직접 행동으로 천천히 보여주는 것이 필요했다. 엄마가 먼저 이유식을 숟가락으로 떠서 천천히 입에 넣는 모습을 아이에게 보여주는 것이다. 숟가락을 쥐여주면 신이 나서 주변을 온통 어지르던 아이가 서서히 장난을 멈추고 유심히 엄마를 관찰하기 시작했다. 그러더니 놀랍게도 숟가락을 움켜쥐고서 한 입 한 입 떠먹는 것이 아닌가?

그렇다고 해서 처음부터 모든 음식이 아이의 입안으로 들어가지는 않았다. 턱받이가 이유식의 절반 이상을 받아냈고, 아이의 볼은 이유식으로 범벅이 되었다.

아직 어린아이인데 스스로 할 수 있을 거라 잘못 생각한 것이 아닌가, 하는 우려가 확신으로 바뀔 때쯤이었을까? 아이는 이유식으로 온통 엉망이 된 상황에서도 기분이 좋아서 방글방글 웃으며 나를 바라보고 있었다.

그렇게 자신의 기준에서 열심히 식사를 끝낸 아이는 평소에는 낯설어서 쉽게 손을 대지 않던 책이나 장난감에 자신감을 드러냈고, 엄마에게 자신의 작품을 보여주며 옹알이로 제 방식의 자랑스러움을 표현하려 하였다.

엄마에게 도움을 요청하는 것보다 스스로 하려는 의지를 드러내는 아이를 보면서 자신감이 이렇게 자라는 것이 아닐까 생각해본다.

아이가 이렇게 기뻐하는데 내가 무엇을 걱정했던 것일까?

아이가 이렇게 여지없이 자신의 만족감을 표현하는데, 엄마는 무얼 더 망설여야 할까? 흘러내린 음식은 닦아내면 되고, 더러워진 옷은 빨면 되는데 왜 그렇게 마음먹기가 어려웠을까?

뒤처리가 걱정이라면 이유식을 주기 전 식탁 주변에 큰 비닐을 깔고, 식사 후 물로 씻어내어 말리는 방법을 권해본다. 옷의 얼룩이 신경 쓰인다면 작아서 못 입게 된 옷이나 이미 얼룩진 옷을 입혀서 최대한 마음의 여유를 갖는 것이 필요하다. 좋은 마음으로 실천하고자 마음먹었다가 엄마 스스로 용납이 안 되는 선을 넘어버리면 그냥 포기하고 "내가 먹여주고 말지"라고 생각하기 때문이다.

그렇게 아이에게 기회를 주고 나니 아이의 혼자 먹기 실력은 눈에 띄게 안정되어 갔다. 간간이 음식으로 장난을 치거나 먹으면서 돌아다니려 할 때 이 전에는 "안 돼", "하지 마"라고 말했다면 이제는 그런 말들이 아이의 행동을 강화시킬 가능성을 우려해서 아이에게 먹는 습관과 관련된 책을 보여주고 행동을 개선하는 방식으로 접근하기도 했다.

많은 시간을 기다림으로 일관하며 아이의 노력을 응원한 덕분인지 아이는 스스로 먹기에 자신감이 붙어서는 돌이 되기도 전에 치즈 비닐을 제 손으로 벗겨 입에 쏙 넣기도 했다.

세상일이라는 것이 모두 완벽할 수는 없는 법. 아이 혼자 먹는 것이 엄마가 떠먹이며 목표한 양만큼 먹이는 것보다는 확실히 신통치 않다. 하지만 아이는 혼자 먹기를 통해 얻은 자신감을 다방면으로 드러냈다. '아이 혼자 먹는 것이 아이의 자립심과 연결된다'라는 내 생각을 확신하기에 충분했던 시간이었음은 분명하다.

아이의 식습관을 돕는

KEY POINT

1. 아이가 스스로 밥을 먹는 시기가 정해져 있는 건 아니에요. 직접 숟가락을 들고자 할 때를 기다려주세요.

2. 아이가 혼자 힘으로 먹는 과정을 격려하고, 칭찬을 아끼지 말아주세요.

3. 반 이상 흘려도 된다는 마음가짐으로 아이가 스스로 하는 모습을 지켜봐주세요.

4. 아이가 밥을 먹지 않는다면 쫓아다니며 먹이지 마세요. 식사 시간과 놀이 시간은 확실하게 분리해주세요.

5. 아이가 혼자 밥을 먹다보면 옷과 얼굴이 엉망이 될 수 있어요. 만약 엄마가 중간에 도와주려 한다면 아이는 자신감이 사라진답니다. 편안하게 지켜봐주시고, 식사가 끝나면 한 번에 닦아주세요.

성별만으로는 설명이 되지 않는 우리 아이

육아를 통해 확실히 알게 된 사실은 '아이의 행동에는 모두 이유가 있고, 아이는 자신의 기질에 따라 행동한다'라는 것이다.

남자아이지만 조심스럽게 행동하는 아이와 여자아이지만 겁도 없고 무조건 시도해봐야 직성이 풀리는 아이가 있다. 그렇다고 또 늘 그런 것은 아니다. 그 남자아이도 자신 있는 영역에서는 마음껏 몸을 쓰기도 하고, 활동성이 컸던 여자아이도 차분하게 있어야 할 때는 또 그렇게 할 수 있다.

우리는 무의식적으로 자녀의 성별에 차이를 두고 행동하고 있는지도 모른다. 옷의 색깔은 물론 장난감의 선택, 그리고 활동 영역에서까지 말이다. 하지만 아이들의 행동은 결코 남녀로 분리되지 않는다는 것을 아마 자녀를 키워본 분들이라면 대부분 수긍할 것이다.

아이가 어릴수록 성향과 기질에 따른 차이가 크고 성장해 온 환경과 부모의 양육 태도에 따라 많은 부분이 달라지기 때문이다.

그렇기에 아이의 성향과 기질 차이를 좋고, 나쁨으로 판단할 수 없다. 아이의 특성을 받아들이고, 부모가 이를 인지해야 아이에게 긍정적 영향을 줄 수 있다.

"남자가 왜 이렇게 겁이 많니?"

"여자아이가 왜 이렇게 목소리가 큰 거야?"

"남자가 무슨 인형을 좋아한다고 그러니? 남자답게 자동차나 로봇을 사렴!"

"여자답게 좀 얌전히 있어야지!"

무심코 내뱉은 이런 말들에 의해서 아이들은 자신의 고유한 성향과 기질을 나쁜 것으로 인지하고, 자연스럽게 자신의 감정을 표출하는 것을 주저한다.

나의 딸 지니는 5세 이전까지 소위 남성성이 강한 아이였다. 새로운 환경이나 낯선 것을 대하는 데에 있어서 적극적이었다. 태어나서부터 그랬으니 아이의 성향에서 비롯된 행동이었을 것이다.

특히 같은 또래끼리 함께 있을 때, 우리 아이의 그런 행동이 부각되었다. 같은 월령의 남자아이들보다 더 활동성이 컸고 조심성이 없었으며 새로운 사물을 대할 때, 두려움보다 호기심이 훨씬 더 크게 아이의 행동으로 나타났다.

아이와 함께 다니다보면 반대로 무척 조심성이 많은 성향을 가진 아이도 만나게 된다. 같은 공간에 있으면 우리 아이의 활동성이 크다보니 상대적으로 조심성이 많은 아이의 부모님들은 대부분 우리 아이를 부러운 눈으로 쳐다보곤 했다. 부모들끼리의 대화에서 우리 아이는 남자아이인데도 왜 이렇게 겁이 많은지 모르겠다며 속상한 감정을 여지없이 드러내는 분도 있었다.

하지만 그 부모님들은 모르실 거다. 활동성이 큰 아이를 바라보는 조마조마한 엄마의 마음을 말이다. 낯선 곳에 가면 엄마의 손을 잡고 천천히 살펴보고 나서 뛰어놀아도 좋으련만, 녀석은 본인의 기질대로 후다닥 뛰어놀다 여기저기 부딪혀서는 울음을 터뜨린 적이 부지기수다.

이처럼 기질과 성향의 차이는 좋고, 나쁨으로 판단할 수 없다. 왜냐하면 내 아이와 같은 성향은 비록 넘어져서 무릎이 깨질지언정 여러 시행착오를 경험하면서 자신감이 높아진다. 그런가 하면 상대적으로 조심스러운 성향의 아이는 조심성이 있기 때문에 서두르지 않고 차근차근 접근해 실수가 적다. 또한, 주변을 하나하나 면밀하게 살펴서 주의력이 좋다.

이런 차이를 단순하게 남과 여로 구분해서 판단하고 제한한다면 아이의 강점이 점차 약화될 수 있다. 따라서 최대한 느긋이 아이를 바라보는 눈과 마음이 필요하다는 생각이 든다. 만약 아이의 행동이나 태도가 마음에 들지 않는 부분이 있더라도 가능하면 아이가 듣는 앞에서는 자제하기를 권한다.

아이에 대한 고민은 내가 생각하는 이상적인 아이의 모습을 우리 아이가 그대로 닮길 바라는 것에서 시작되는 경우가 대부분이다. 이것이 자연스레 아이를 주변과 비교하는 시작점이 된다. 그저 편안하게 바라봐도 될 것들을 자꾸만 어떤 잣대를 대고 바라보니 마음이 힘들 수밖에 없다.

아이가 자신이 가진 강점을 하나씩 꺼내어 자신의 것으로 만드는 시기인 5세 이전에는 이렇게 말해주면 좋겠다.

조심조심 걸어가는 아이에게 "얘는 왜 이렇게 겁이 많아? 정말 큰일이야"라고 말하는 것보다 "네가 조심성이 있고 주의를 잘 살피고 다녀서 엄마는 걱정이 없어"라고.

맘껏 뛰어놀며 즐기는 아이에게 "너는 왜 조심성이 없니? 그러다 또 다친다"라는 말보다 "달리기도 잘하고 친구들하고 잘 놀지. 서로 부딪히면 다칠 수 있으니 이쪽에서 함께 놀면 어떨까?"라고.

이렇게 말해주면 아이들의 감정이 다치지 않으면서 엄마

의 생각을 전달할 수 있으니 활용해볼 만하다.

나 또한 활동성이 큰 내 아이에게 이 방식을 활용하여 이야기했더니 "하지 마라", "조심해라"라고 말할 때보다 더 안전하고 즐겁게 친구들과 노는 모습을 볼 수 있었다.

이런 말하기 방식은 아이들에게만 국한된 것이 아니다. 사람은 자신의 있는 그대로의 모습이 존중받길 원한다. 따라서 내 아이가 다소 나의 기대에 미치지 못하는 성향과 기질을 가지고 행동을 하더라도 그 모습 또한 아이가 온전한 자신을 찾아가는 과정이라고 생각하고 인정하면 좋겠다.

아이의 행동에는 다 이유가 있다!

아이가 돌이 지났을 즈음이었을 것이다. 아이는 눈을 뜨면 엄마가 아침식사를 준비하기 전까지 자신의 방에서 장난감을 가지고 노는 것이 일상이었다. 그날도 여느 때와 다름없는 아침이었다. 아침식사를 준비하러 간 사이에 아이 방에서 비명에 가까운 울음소리가 들리는 것이 아닌가?

어디를 심하게 부딪쳐 다친 건 아닌지 떨리는 가슴으로 달려간 그곳에는 아이가 자신의 방을 손가락으로 가리키며, 들어가지도 못하고 울고 있었다.

'도대체 왜?' 순간 스치는 어제의 기억들. 어제 아이의 침대 방향을 바꿔본다고 이리저리 옮기다가 아이의 방에 이불과 베개를 치우지 않고 그대로 방치해둔 것이다.

울고 있는 아이를 진정시키고 바라보는데, 머릿속에 '질서의 민감기'라는 단어가 스쳤다. '민감기'란 어떤 능력을 획득하기 위해 환경의 특정 요소를 포착하는 감수성이 특별히 민감해지는 일정 시기를 말한다.

생각이 거기까지 미치자, 아이의 눈높이에 맞춰 쪼그려 앉아 아이를 꼭 안아주었다. 그리고 조심스레 아이에게 왜 그렇게 울었는지, 무엇이 너를 놀라게 했는지를 물었다. 그랬더니 역시나 아이는 이불과 베개가 있는 곳으로 내 손을 끌어당기면서 "이거, 이거"라는 말을 반복했다.

"아, 우리 지니가 이불이랑 베개를 보고 놀랐구나. 친구들이 지니하고 같이 놀고 싶어서 놀러 왔나봐. 다음에 놀자고 하고 침실로 데려다줄까?"라고 설명을 해주니 아이가 눈물이 그렁그렁 맺힌 눈으로 나를 올려다보고는 내 손을 꼭 잡는다. 그리고 작은 베개 하나를 집어들어 자신도 함께 데려다주겠다는 의지를 보여준다.

아이는 지금 자신에게 가장 중요한 것에 집중하고 집착하는 민감기의 시기를 겪고 있는 것이다. 책 속에서만 존재하는 줄 알았던 이야기를 두 살 난 내 아이가 여실히 증명해준 그날. 책에서 대충 읽고 넘어갔던 민감기를 다시 찾아 메모하며 밤새워 읽어보았다.

생후 약 3세까지의 아이는
질서에 강하게 집착하는 반응과 행동을 보인다.
항상 같은 순서, 같은 장소, 같은 방법처럼
순서와 장소, 방법을 늘 똑같이 하려고 하거나
똑같은 것을 좋아한다.
이것이 '질서에 대한 민감기'에서 나타나는 질서감이다.

- 나가에 세이지의 《아이의 민감기》 중에서

분명 몇 달 전의 나였다면 이유 없이 우는 아이의 행동에 당황해서 도대체 왜 그러냐며 조그마한 아이를 다그쳤을 것이다. 하지만 책을 통해 민감기 중 하나인 질서감을 인지하고 나니 아이의 행동이 너무도 신기하고 기특하기까지 했다. 우리 아이가 성장하고 있구나, 하는 안도감이랄까.

"이건 엄마 것, 이건 아빠 것, 이건 내 것"이라며 모든 물건의 주인을 찾아주고, 언니든 오빠든 친구든 정해진 규칙에 맞지 않는 행동을 하면 끝까지 바로 잡으려 고집을 부리고, 옷을 입거나 외출하는 과정도 늘 같은 순서로 진행해야 하며, 책을 읽어주는 사소한 과정까지도 제목, 지은이, 내용 순으로 읽어주길 원하는 등. 이 작은 아이가 수많은 평범한 일상을 온전히 집중하고 자신의 세계로 받아들이는 모습이 참으로 놀라웠다.

육아라는 시간에 '민감기'라는 단어 하나를 넣었을 뿐인데, 아이의 행동을 저지하는 일도, 혼내는 일도 반으로 줄어듦을 온몸으로 경험했다. 지금도 나는 지인들의 육아와 관련된 고충을 들을 때마다 가장 먼저 아이의 연령별 민감기의 특성을 이야기해준다. 지극히 평범한 엄마가 '앎'을 통해서 느꼈던 육아의 즐거움을 그녀들도 함께 누리길 바라는 마음으로 말이다.

나는 그녀들에게 이야기하듯 이 두 번째 장에서 민감기라는 단어를 수없이 쏟아낼 것이다. 왜냐하면 육아, 자녀교육, 부모교육, 적기교육 등의 자연스러운 흐름 속에서 모든 의문의

해답에는 '민감기'가 있었기 때문이다.

민감기를 이해하기 위해서는 '귀 기울이고 관찰하기', '아이의 개인차를 인정하기', '일관성을 지키기'를 기억해야 한다. 이 세 가지 키워드를 접하면 "말처럼 그렇게 쉬운 줄 아나?"라고 반문할지도 모르겠다. 하지만 그것을 완벽하게 해내야 한다는 말이 아니다. 그저 저 조그마한 아이가 나에게 무언가를 요구할 때 어떻게 행동해야 하는지 기억하고 노력하자는 의미다. 아이의 변화하는 시기를 감지하고, '지금 내 아이가 잘 성장하고 있구나' 하고 있는 그대로를 바라보는 마음을 가졌으면 좋겠다.

아이들은 저마다 다른 성향과 기질, 성장 속도와 관심사를 가지고 있다. 엄마인 내가 원하는 대로 아이가 행동하기를 바라지 말자. 내 눈앞의 아이가 어떤 특성이 도드라지는 아이인지 있는 그대로 바라보는 눈을 가지자. 내가 내 아이에 대해 제대로 알게 되면, 육아는 생각만큼 어렵지 않다.

아이의 '민감기'에 기억해야 할

KEY POINT

1 질서의 민감기

같은 장소 혹은 같은 행위의 순서 등에 민감하게 반응하는 시기. 이 시기에는 옷을 입거나 외출 준비를 하는 순서에서부터 물건이 놓인 위치와 정리하는 방법까지 기존과 동일하게 하지 않으면 불안해한다. 울음을 터뜨리고 그치지 않다가 자신이 기억하는 순서대로 되면 그제야 안정을 느낀다. 이럴 때는 가능하면 아이가 스스로 해낼 때까지 기다려주자. 외출이나 등원 등의 과정에서 시간을 넉넉히 잡는 것이 팁이다. 또한, 아이의 물건이나 평소 생활하는 공간의 변화를 최소화하되 변화가 꼭 필요한 상황이라면 아이와 함께 놀이식으로 접근하면 좋다.

2 일상의 민감기

이 시기의 아이들은 하지 말라고 말려도 스스로 물을 따르려고 하거나 설거지나 걸레질을 하며 어른의 행동을 모방한다. 민감기가 왔을 때 하고 싶은 것이 충족되지 않고 지나가면 성장 후에 '청소해라, 걸레질 좀 해라' 등의 요구에 시큰둥하게 반응한다. 그렇기에 가족들이 허용하는 선에서 아이가 마음껏 '일'을 할 수 있도록 배려한다.

3 운동의 민감기

계단만 보면 아이의 눈빛이 반짝반짝 변한다. 무조건 계단을 오르내려야 직성이 풀리고, 산책하러 나가려면 정신없이 뛰어다니는 통에 부모가 아이를 따라가기 힘들 정도다. 시키지 않아도 알아서 운동하고, 알아서 부지런히 움직이는 시기. 이 시기에 마음껏 근육을 사용한 아이는 걷는 것, 뛰는 것에 자신감이 생긴다. 이미 마음껏 뛰어본 경험이 있기에 뇌에서 그 자체를 편안하게 인식하는 것이다.

4 쓰기의 민감기

이 시기의 아이는 방바닥, 벽지 등에 닥치는 대로 그림을 그린다. 아이가 감당이 안 될 경우, 그림을 그릴 수 있는 영역과 그렇지 않은 영역을 나누고 아이에게 지속적이고 반복적으로 설명한다. 전지를 바닥에 붙이거나 커다란 칠판을 준비하는 것도 아이의 욕구를 충족시킬 좋은 방법이다.

엄마가 잘못을 인정할 때

'아이를 배우자.'

아이를 키우는 일은 책임감과 기쁨 그리고 불안감을 동반하는 일이다. 엄마인 나 자신도 아직 미완의 존재라는 것을 알기에 한 생명을 키우는 일은 행복과 기쁨보다 책임감과 중압감을 이겨내는 과정이라 생각된다.

아이가 24개월을 막 지나던 어느 여름날, 장마로 연일 비가 내렸다. 아이와 함께 외출할 엄두도 내지 못하고 며칠을 집에만 있었다. 아이는 날씨 탓인지 이유 없이 징징거리며 짜증을 부렸고, 녀석의 투정을 받아주다 지친 나 역시 한껏 예민해져 있었다.

아이가 좋아하는 책도 읽어주고, 놀이도 하며 엄마 나름대로 알차게 시간을 보내기 위해 노력하는데, 3살 아이가 그것을 알아줄 리 없었다. 변덕스러운 날씨처럼 아이는 깔깔거리며 좋아하다가도 얼마 지나지 않아 징징대며 시시각각 변했다.

내가 이만큼이나 저를 위해 노력하는데도 아랑곳하지 않고 변덕을 부리는 아이의 모습에 속이 상해 더는 참아내지 못했다. 화를 쏟아내고 녀석의 눈물을 보고 난 뒤에야 잠을 청할 수 있었다.

으름장을 내어 아이를 재우고 나면 어김없이 죄책감이 밀려왔다. 곁에 잠든 아이를 보며 밀려오는 후회. 저 여린 아이가 무엇을 그리 잘못했다고 30살이나 더 먹은 내가 으름장을 낸 것인지, 우울감을 동반한 자책이 밀려와 아이 옆에서 한참이나 눈물을 쏟았다.

쉼 없이 벼랑 끝으로 내몰리니 언제부턴가 판단력이 흐려지고 체력은 이미 고갈되었다. '그만 좀 쉬어'라고 보내는 내 몸의 신호를 미처 깨닫지 못한 채 아이만 바라보며 '왜'라는 의문을 가졌으니 더 힘들어질 수밖에.

며칠 전까지만 해도 천사같이 예쁘던 내 아이가 도대체 왜 그랬던 걸까? 24개월의 아이는 언어도 신체 활동도 자유로운 나이였다. 한창 몸을 쓰는 것에 재미를 느끼는 아이와 매일 산책을 해오다가 장마로 그럴 수 없게 되니 괜한 미안함에 더 많이 아이와 놀아주려고 했다. 집안이라는 제한된 공간에서 아이와 놀아주다보니 전보다 더 아이의 행동에 개입한 것이 오히려 역효과를 낸 것은 아니었을까?

평소와 다른 엄마의 행동에 아이는 자신이 정한 질서의 순서에 제재를 받게 되었을 것이고, 이것에 대한 불만이 보채는 행동으로 이어졌을 것이다.

가만히 생각해보니 내 잘못이 컸다. 그러나 엄마인 내가 아이에게 무언가를 잘못했다는 사실을 인정하기가 힘들었다. 그것을 인정하는 순간, 무능력하고 부족한 엄마로 전락해버릴 것 같았기 때문이었으리라.

하지만 누구나 한 번쯤 경험해보았을 것이다. 나의 잘못을 순순히 인정하면 오히려 불편한 감정에서 자유로워지는 것을. '아이가 도대체 왜 저러는 걸까?'가 아니라 '아이는 지금 이런 시기인데, 내가 온전히 받아들이기 힘든 하루였구나'라고 인정하고 심호흡하는 것이 중요하다.

이튿날도 장마답게 온종일 비가 내린다. 어제의 실수를 반복하지 않기 위해 아이가 자는 동안 함께 숙면을 취했다. 내 몸이 지쳐서 일어나는 실수를 우선 차단하고자 하는 나만의 이유에서였다.

그 덕분인지 활기찬 미소로 아침을 시작할 수 있었다. 아이가 대근육을 사용하는 재미에 몰입해 있는 '운동의 민감기'

라는 성장 과정에 있다는 것을 알기에 몸을 마음껏 쓸 수 있도록 고민해본다. 비 오는 날에 밖으로 나가지 않더라도 몸을 쓸 수 있는 놀이는 무엇일까? 곰곰이 생각하다가 아이와 아파트 계단 오르내리기를 해보기로 했다. 처음엔 엄마의 손을 꼭 잡고 다소 불안하게 오르락내리락을 반복하던 아이는 금세 계단에 흥미를 느꼈다. 그러고는 혼자 하겠다며 난간을 잡고 오르내리기를 반복하더니 아이의 눈이 반짝인다. 아이를 가만히 바라보며 잘한다고 격려를 해주니 아이의 입가에 미소가 번진다.

아이는 충분히 놀이를 반복한 후에 이제 그만 집에 들어가자는 엄마의 제안에 아주 개운한 표정으로 앞장선다. 그러고는 점심도 뚝딱, 낮잠도 쿨쿨, 쉼 없이 종알대며 놀이도 실컷 즐기더니 저녁에는 일찌감치 꿈나라로 여행을 떠났다. 아이와의 놀이가 이렇게 쉬운 일이었는데 왜 그 고생을 했던 건지…. 나도 모르게 웃음이 피식 새어 나온다.

24개월 이전 민감기에 대처하는

KEY POINT

1 지나치게 순서, 시간, 장소에 민감하게 반응하는 날이 왔다면? (아이 연령 : 12개월 이후)

아이들은 소소하게는 자신의 물건을 "내 거!" 혹은 자신의 이름을 칭하며 "OO 거"라고 반복적으로 표현을 하거나 "엄마 거", "아빠 거", "형 거"를 구분하려 한다.
과일을 먹을 때에도 포크는 엄마가 처음 가르쳐준 대로 나눠 줘야 한다거나, 외출할 때도 어느 쪽 신발부터 신어야 한다거나, 옷을 입을 때조차도 자신의 기준으로 순서를 정한다. 만약 이 순서가 달라질 경우, 아이는 울음을 터뜨리고 자신의 순서대로 될 때까지 고집을 부리기도 한다.
그런가 하면 자신이 익숙하지 않은 곳에서 예민한 반응을 보이거나, 집안 가구의 바뀐 위치 등에 민감하게 반응을 보인다.
이럴 때는 아이의 민감기를 인지하고 작은 변화가 발생하기 전 아이에게 미리 상황을 설명해주는 것이 좋다.
또한, 문구류나 도서, 아이의 옷, 물티슈, 기저귀 등 일상에서 접하는 물건의 위치를 미리 정해서 아이가 스스로 정리하는 습관을 만들어주는 것도 좋다. 아이는 이것을 통해 안정감을 느끼고, 일종의 놀이로 인지하기도 하니 십분 활용해보기 바란다.

2 하루에도 열두 번 "내가 할래!"를 외치는 그날이 왔다면? (아이 연령 : 18개월 전후)

엄마가 집안일을 하려고 하면 어디서 나타났는지 아이는 자신이 하겠다고 "내가! 내가!"를 외친다. 아이가 해낼 수 없을 거라는 엄마 나름의 확신 때문에 또다시 시작되는 아이와 엄마의 힘겨루기. 아이의 떼쓰기가 늘었다 치부하고 "갑자기 왜 저러는지 모르겠다"라고 불평을 늘어놓는 나를 발견하는 날이 온다면 녀석이 일상의 민감기에 빠져 있는 시기임을 기억하자. 이 모든 것이 자연스러운 현상이라 인정하면 하지 못하게 말려야 할 일도, 절대 안 된다 손사래 칠 일도 그리 많지 않다는 걸 깨닫게 될 것이다.

내 아이가 스스로 할 수 있는 일을 찾아내는 데 재미를 붙이면 집안 구석구석 아이의 고사리손이 닿아 반짝반짝 빛나는 마루도, 고이 개어놓은 수건도 발견할 수 있을 것이니 머뭇거리지 말고 지금 바로 실천하길 권한다.

'아이의 민감기'는 적기교육의 시작

대부분의 아이가 집안의 벽지를 스케치북 삼아 낙서를 한다는 이야기를 익히 들었지만 그래도 내 아이는 예외일 거라고 생각했다. 엄마가 설명한 대로 언제나 잘 따랐던 아이였고, 그림을 실컷 그릴 수 있도록 커다란 스케치북을 준비했기에 문제없을 거라고 생각했다. 하지만 이것은 환상일 뿐이었다.

아이가 한창 그림 그리기에 열을 올리던 어느 날, 집안일을 하다보니 아이가 너무 조용했다. 평소의 조용함과는 다른 묘한 기운. "애들이 조용하면 분명히 사고 치고 있는 것"이라던 다른 엄마들의 말이 순간적으로 떠오르면서 조심스럽게 아이가 있는 방으로 향했다.

'아….'

너무도 해맑은 미소를 지으며 엄마를 반기는 아이 옆으로 형형색색으로 물든 벽이 눈에 들어왔다. 꼬마 녀석은 엄마의 당황스런 마음을 아는지 모르는지 아무 일 없다는 듯 다시 놀이에 집중했다. 콧노래를 흥얼거리는 모습이 무척이나 흥이 오른 상태였다.

웬만한 낙서는 지워지겠지만, 빨강과 파랑을 비롯한 진한 색들은 지워도 흔적이 남기에 당혹스러움을 감출 수 없었다. 한참 아이를 바라보다가 아이들에겐 절대 예외가 없다는 말이 무슨 말인지 이제야 와닿았다. 그리고 나도 모르게 피식 웃어 버렸다.

3살의 아이에게는 일상적으로 일어나는 일이다. 하지만 아이의 호기심은 엄마의 상상을 초월했다. 4절지 스케치북이면 충분하다고 생각한 엄마의 기준을 완전히 깨뜨렸던 아이의 민감기. 역시나 그 이상의 스케일을 보여주었다.

결국 아이의 스케일을 존중하기로 했다. 사두었지만 꺼내기 두려웠던 물감을 꺼내고, 바닥에는 커다란 비닐을 깔았다. 2절지까지 사들여와서 바닥에 가득 붙여주었다. 그래도 부족할까 싶어 아이가 주로 노는 거실의 창문에도 도화지를 붙였다.

아이가 그려 놓은 낙서가 돌이킬 수 없는 일이라고 인정하니 이 또한 추억이 되겠다 싶어 사진까지 찍어두었다. 대신 낙서가 심한 벽은 아이와 손바닥 찍기 놀이를 했던 작품을 붙여서 가렸다.

아이도 신나고, 엄마도 기분이 좋아지는 특별한 내려놓음. 처음에는 큰일이 난 것처럼 고통스러웠지만, 한 번 대수롭지 않게 받아들이니 마음이 가벼워졌다.

나도 엄마가 처음이기 때문에 뭐든 서툴고, 예상하지 못한 상황에서는 안절부절못하기 마련이다. 그러나 '그냥 닦으면 되지', '뭐, 빨래하면 되지', '그래, 치우면 되지'라는 생각의 전환은 뜻밖의 여유를 가져다주었다.

그렇게 마음의 여유가 생기자 '육아'라는 단어가 새로운 도전이고, 재미있게 느껴졌다. 그때부터 좀 더 아이가 재미있게 사물을 접할 방법 혹은 아이의 입장이 되어 생각하는 방법을 찾기 시작했다. 그러다보니 이전에 잔뜩 겁을 먹고 방어적이던 나의 모습은 어디에도 없었다. 이미 작아진 옷을 아이에게 입히고, 아이가 맘껏 찍기 놀이를 할 수 있도록 롤러와 다양한 모양의 스펀지도 내어주었다.

원 없이 물감 놀이를 하니 한껏 흥이 오른 녀석. 스케치북만으로는 만족이 되지 않았는지 이번에는 티셔츠와 바지를 온통 초록색으로 물들이기 시작했다. 까르르 웃으며 열중하는 모습이 얼마나 예쁘던지 그때를 생각하면 아직도 어제 일처럼 생생하다.

주의집중 현상의 효과는
스스로 나서서 몰두하는 자발성, 자신감과 인내력,
관찰력과 주의력, 정서 안정,
타인에 대한 배려와 애정 등의 형태로 나타난다.
또 규율과 질서를 존중하고 약속을 지키는 아이로 성장한다.
감각과 운동 기능도 발달하여
몸놀림이 좋아지고 신체적·지적·감정적·사회적 발달이
균형을 이루는 아이로 자란다.

– 나가에 세이지의 《아이의 민감기》 중에서

몇 년 전만해도 '조기교육'이라는 말을 심심찮게 들을 수 있었다. 아이의 성장 발달에 맞춘 것이 아닌 엄마의 계획에 의해 아이의 교육 과정이 결정되는 조기교육. 조기교육이 유행처럼 번지자 부모 주도의 양육과 교육 방식이 확장되어 알파맘, 헬리콥터맘, 캥거루맘에 이르는 신조어까지 나오게 되었다.

아이의 재능을 발굴해 체계적인 학습을 시키는 것에서 시작된 조기교육이 성인이 된 자녀의 일거수일투족까지 관여하는 부모의 모습으로 변질되기도 했다.

그렇기에 최근 몇 년 사이 자연스레 받아들여지는 '적기교육'이 얼마나 다행인지 모른다. 그만큼 많은 부모의 인식이 올바르게 변화한 증거이기도 하다.

아이의 지금에 집중하는 '적기교육'은 세월이 지나도 자녀 교육의 기본으로 통할 것이라 본다. 아이의 민감기를 잘 받아들이고, 민감력을 키워주는 일 역시 2, 3세 아이에게 꼭 필요한 적기교육이다. 위험하거나 불가한 것이 아니라면 아이의 호기심과 민감력을 충족시켜주도록 노력해야 한다.

다만, 이 시기에 주 양육자가 기준을 확실하게 정하고, '최대 허용, 최소 개입'을 목표로 삼는 것이 필요하다. 내가 허용할 수 있는 최대치를 정해서 거기까지 허용할 수 있음을 아이에게 인지시키고 마음껏 누리고 즐기도록 해주자. 대신 허용의 최대치를 넘겼을 때는 불가함을 인지시키고 아이가 좋아하는 간식이나 장난감 등으로 관심을 돌려 거부감을 최소화하는 것이 좋다.

아이의 관심사에 대해 "안 돼"라고 말하기보다는 "한 번 해볼래?", "엄마 좀 도와줄래?" 등의 언어를 사용한다면 아이의 자존감을 높이는 동시에 엄마와의 신뢰를 쌓을 수 있다. 만약 "하지 마", "그만해", "안 돼"라는 제재가 반복적으로 가해지면 아이도 엄마도 두 배로 힘들어진다.

이런 훈련을 바탕으로 아이의 민감력을 맘껏 충족을 시키면 아이는 자기조절력과 절제력을 배우는 좋은 경험이 될 것이다.

아이의 반항은 자립의 표현이다

아이에게 무언가를 맡겨놓고 뒤에서 지켜보는 일은 쉽지 않다. 조금만 주의를 기울이지 않아도 쏟거나 떨어뜨리고 넘어지기 일쑤이기 때문이다. 이성적인 마음으로 '근육을 발달시키는 중이라서 그렇구나'라고 생각할 수 있다면 좋으련만 현실은 녹록지 않다.

두 녀석이 세트로 어지르고 다니거나, 잠잠하다 싶으면 싸우는 모습을 보면서 '아이들은 저러면서 크는 거지'라고 웃어넘길 수 있는 사람은 아마 없을 것이다.

'저걸 언제 다 치우나?' 하는 생각에 한숨이 절로 나고, 나는 집안일만 하는 사람인가 싶어서 늦게 귀가하는 남편에게 온갖 원망을 쏟아내는 모습이 좀 더 평범한 그림이라 생각한다.

다만, 몸과 마음이 지치더라도 아이가 성장하기 위한 자연스러운 과정이라는 것을 인식하고, '그래, 아이니까 그럴 수 있지'라고 생각의 여유를 갖는다면 아이에게 소리를 지르고 남편과 말다툼을 벌이는 일은 다소 줄어들지 않을까?

아이가 손에 든 것을 모조리 쏟아내고 어지르던 2살의 어느 날. 아이가 블록을 바닥으로 끊임없이 쏟아내고 있었다.

다행히 아래층 할아버지께서 저녁 9시 이후로만 뛰지 않으면 괜찮다고 배려해주신 덕분에 아이에게 잔소리하지 않았지만, 물건이 쏟아지는 큰소리를 듣고 있기가 무척이나 힘들었다. 그래서 아이에게 이렇게 큰소리를 내면 아래층 할아버지도, 엄마도 정신이 없다며 카펫 위에서 놀도록 타일렀다. 고개를 연신 끄덕이던 아이는 그새 까맣게 잊은 건지 어김없이 마룻바닥에 블록을 쏟고 장난감 놀이를 했다.

지금 생각해보면 카펫 위에서는 블록이 바로 세워지지 않아서 평평한 바닥을 찾았던 것일 텐데, 그 당시에는 나도 그 생각을 미처 하지 못했던 거 같다. 당시에는 놀이할 때도, 정리할 때도 그 소리가 너무 시끄러워 아이가 낮잠이 든 사이 블록통을 버리고 싶다는 생각마저 들었다. 내가 이것으로 아이에게 혼을 내고, 스트레스가 생길 바에는 아예 스트레스 요인을 없애 버리는 것이 낫지 않을까 싶었기 때문이다.

돌이 지나 걷기 시작하면서 아이들의 행동반경이 넓어진다. 보이는 모든 것이 아이들에겐 신기하다. 나날이 다르게 발달하는 근육운동도 시험해보고 싶어진다. 던지고, 차고, 달리고, 뛰어내려본다. 이 모든 게 아이들에겐 큰 도전이다.

하지만 여기서 오해하지 말아야 할 것이 있다. 이러한 행동은 반항이 아니라 스스로 해보겠다는 자립의 표현이라는 것이다.

– 이시형의 《부모라면 자기조절력부터》 중에서

하지만 눈에 보이지 않는다고, 사라지게 한다고 해서 달라질 상황은 아니었다. 아이는 어떻게든 다른 방식으로 소리를 낼 것이고, 나는 또다시 스트레스를 받을 것이기 때문에 아이가 왜 저렇게까지 바닥으로 장난감을 쏟는 것인지 원인을 찾아야 했다.

14개월 꼬마의 속마음을 알 수 없어 이 책 저 책에서 메모해두었던 많은 내용을 읽어가던 끝에 눈에 띄는 내용을 찾았다. 이시형 박사의 《부모라면 자기조절력부터》라는 책에서였다.

가만히 생각해보니 아이의 하루하루가 이런 일상의 반복이었다. 블록 놀이는 아주 일부분에 불과했다. 아이는 모든 것이 새롭기에 그러하겠거니 생각해서 공을 던지고 차고 걷고 계단을 오르내리게 시간을 할애해줬다. 아이가 혼자 밥을 먹겠다는 의지를 보였을 때 돌도 되지 않은 아이에게 숟가락을 쥐여준 내가 아니었던가?

말을 배우는 시기의 아이들은 소리의 높낮이를 인식하기 위해 다양한 소리를 들으려고 한다. 그런 과정에서 물건을 쏟거나 던지며 소근육을 발달시킨다. 아직 아이에게는 힘 조절이 쉽지 않기 때문에 의도치 않게 떨어뜨린 것이 엄마에게 오해를 받았던 것이다. 단, 엄마가 물건을 던지고 쏟았을 때, 지나치게 혼을 내거나 예민하게 반응을 보이면 아이들은 부모로부터 관심을 받기 위해 그런 행동을 하기도 한다.

이 모든 것이 본능적인 학습 과정이라면 엄마인 내가 "하지 마라"라고 제재를 가한다고 해서 달라지지는 않을 것이다. 대신 아이가 학습하는 과정임을 인지하고, 아이 곁에서 블록이나 장난감을 조심하게 다루는 모습을 보여줘야겠다고 마음먹었다.

신나게 소리를 내며 노는 아이 곁에서 천천히 상자에 블록을 담고, 바닥에서 놀이를 할 때도 블록을 살며시 내려놓는 모습을 아이에게 보여주었더니 놀이하기 바쁘던 아이가 유심히 엄마를 관찰한다. 그러고는 또 다른 놀이로 생각했는지 엄마 옆에 앉아 블록을 살며시 옮기고 담는 행동을 반복한다. 곧이어 이 놀이도 참 재미있다는 표정으로 엄마를 향해 빙그레 웃는다.

아이들은 참으로 신기하다. 키우면 키울수록 아이가 스스로 알아서 큰다는 말이 실감이 난다. 먹여주고 재워주고 입혀주는 보호자의 임무를 제외하고, 대부분의 과정을 아이는 혼자 알아서 해나간다. 쉼 없이 반복하는 과정을 통해 자신감을 얻고 조금 더 복잡한 작업을 이어가며 성취감을 맛보는 아이. 자존감을 키우며 아이는 더욱 단단한 자신을 만들어간다.

만약 그 성장의 과정에서 양육자의 개입이 도드라지면 아이는 다음으로 넘어가기 어려워진다고 한다. 부모의 입장에서는 아이를 돕기 위해 했던 수많은 친절한 도움들. 그러나 그것은 아이의 독립성을 침해하고, 자립심을 떨어뜨릴 수 있다.

아이가 스스로 할 수 있도록 기다리고, 힘들 때는 언제든 도움을 요청하라고 안내하는 것. 그것이 부모의 진정한 역할이 아닐까?

아이의 시간은 어른의 시간보다 두 배 이상 느리기에 재촉하기보다 충분한 시간을 주는 것이 필요하다. 만약 아이의 행동을 좀처럼 이해할 수 없다면 5분 정도 더 여유를 가지고 살펴보자. 그래도 이해가 되지 않으면 아이에게 이유를 물어보자. 어른의 기준으로 아이의 행동을 판단하는 것은 금물이다.

이런 기준을 세워 아이를 키우다보면 아이들이 저 알아서 커가는 시간만큼 엄마도 여자에서 진정한 엄마로 거듭나 있을 것이다.

Part 3

엄마는 매일이 시행착오 중입니다

엄마의 나쁜 습관

완벽한 순간에 찾아온 위기

나름 잘 해오고 있다고 느끼며, 육아에 어느 정도 자신감이 생길 무렵, 예고도 없이 찾아온 아이의 알 수 없는 행동들. 아이를 키우다보면 "우리 애가 원래 이러는 애가 아닌데…"라는 말을 반복하게 되는 시기가 있다.

천사처럼 착하고 엄마의 말이라면 너무도 잘 따르던 아이가 어느 날부터인가 아무것도 아닌 일에 떼를 쓰기 시작했다. 얼마 안 가서는 다른 아이의 것을 빼앗으려 들었고, 자꾸만 심술을 부리며 감정을 폭발시키기도 했다.

이러한 변화가 나타난 것은 우리 아이만이 아니었다. 혼자서는 아무것도 못하는 갓난아기처럼 엄마와 떨어지지 않으려 하고, 겁먹고 불안해하며 매사에 주저해서 걱정을 시키기도 하는 아이. 스스로 무언가를 하려고 하지 않고, 어른의 지시나 유도를 기다리는 게으르고 무기력한 모습을 보이는 아이. 자신의 감정을 자제하지 못하고 소리 지르고 울고불며 야단인 모습까지.

갑자기 아이가 이렇게까지 달라질 수 있을까 싶지만, 아이를 키워보면 누구나 경험하는 일반적인 일이다. 이 시기를 기점으로 엄마는 하루에도 몇 번씩 한숨을 쉰다. 그러나 아이러니하게도 이 시기 아이는 눈부신 성장을 하게 된다.

하지만 안타깝게도 이 시기 대부분의 어른은 지금 아이의 행동을 문제라고 인식하고 개선 방법을 찾는 것에 매달린다. 순하고 말을 잘 듣는 아이가 옳지 못한 행동을 하고 있다고 생각하기 때문이다. 따라서 어떻게 하면 아이의 행동을 멈추고 원래의 모습으로 돌려놓을지에 초점을 맞힌다.

아이들의 일탈 행동이란 이름으로 마주하는 육아기의 성장통. 아이의 성장기는 참으로 변화무쌍하여 맑았다가 흐렸다가를 반복하지만, 이 시기를 몇 번 경험하고 나면 비로소 깨닫게 된다. 이것이 나에게 닥친 위기가 아니라 아이가 성장하고 발전하는 과정이자 기회라는 것을 말이다.

다소 받아들이기 힘들 수도 있다. 하지만 그 시기를 침착하게 들여다보면 아이의 행동을 이해하게 된다. 아직 타협이라는 것이 어려운 아이는 자신이 옳다고 생각한 부분을 고집부릴 수도 있다는 것을. 또한, 그것이 아이가 스스로 할 수 있는 영역을 키워가는 과정이라는 것도 이해하게 된다.

아이의 행동이 도저히 이해가 되지 않거나 무의미해 보이더라도 한 발짝 물러나 지켜보다보면 비로소 알게 된다. 심각하게 여겨졌던 문제점이 아이가 스스로 단단해지기 위해 노력하는 과정이었다는 것을.

"너는 어려서 못하니깐 엄마가 해줄게. 넌 가만히 있어."

"왜 자꾸 하지 말라는 걸 하려고 해? 왜 이렇게 말을 안 들을까?"

"넌 왜 이렇게 매사에 느릿느릿하니? 어서 서둘러."

엄마의 이러한 말들이 분명 시간을 단축하고, 일시적으로 문제를 해결할 수는 있다. 그러나 이러한 말들은 아이가 스스로 해내겠다고 마음먹은 의지를 사라지게 한다. 기억하자. 엎으면 닦아주고, 옷을 버리면 빨아주고, 느리면 기다리는 마음의 '여유'를.

나의 아이 또한 다소 덤벙대고 조심성이 적어서 많은 실수를 저질렀다. 하지만 아이는 실수를 통해 성취감을 느끼고, 해낼 수 있다는 자신감을 보였다. 또한, 스스로 더 해보려고 하고, 안 되면 끈질기게 물고 늘어지는 인내심이 늘었다.

누가 시켜서가 아니라 스스로의 판단에 의해
스스로가 했다는 것이 중요하다.
이때 자율성, 자주성, 자기주도성이 키워지며
아이의 장래에 무엇보다 귀중한 자신감의 바탕이 된다.

– 이시형의 《부모라면 자기조절력부터》 중에서

아이들의 자기 의지에서 비롯된 일탈의 모습은 어쩌면 기회일지도 모른다. 일탈은 곧 자기주도성을 키우는 성장 과정이기 때문이다.

만약 내 아이가 이전과는 다른 일탈 행동을 보인다면 어떻게 해야 할까? 잘못한 점을 끄집어내서 하나하나 고쳐주려 하지 말자. 또 한 번의 놀라운 성장이 기다리고 있을 거라는 마음으로 귀를 기울이고 믿고 지켜봐주면 어떨까?

아이에게 고스란히 남는 부모의 말

우리는 모두 내 입에서 쏟아지는 말이 아이에게 영향을 준다는 것을 어느 정도 알고 있다. 그래서 가능하면 고운 말로 웃으면서 아이를 대하려고 노력한다.

하지만 가끔은 바쁜 일상에 지쳐서 아이에게 모진 말을 내뱉기도 한다. '아이를 위해서 그런 거야'라는 변명과 '설마 기억하겠어' 하는 안일함으로 어제도 오늘도 그리고 지금 이 순간에도 아이에게 비수가 될지도 모르는 말을 뱉어내고 있지는 않은가?

'입술 30초, 가슴 30년'이라는 말이 있다. 그만큼 부모의 말은 잠깐이지만, 아이에게는 평생 갈 정도로 영향력이 있다는 말이다. 이 말은 지난 몇 달간의 나를 돌아보게 했다. 이미 쏟아진 말은 주워 담을 수 없기에 아이에게 무심코 던진 모진 말들이 생각날 때마다 미안함에 괴로웠다.

내 말 한마디에 아이는 세상을 다 가진 듯이 웃어 보이기도 하지만, 나의 한마디에 세상의 바닥으로 떨어진 듯 절망 섞인 표정을 짓기도 한다. 이 얼마나 무서운 일인가?

물론 적어도 아이가 두 돌이 될 때까지는 엄마가 말실수하는 횟수가 현저히 낮다. 왜냐하면 아이가 아직 나의 말을 제대로 알아들을 수 없을 거란 걸 알고 있기 때문이다.

이 시기의 엄마는 좀 더 간략하게 설명하고 아이가 이해할 수 있도록 최대한 배려하기에 큰 문제가 발생하진 않는다. 문제는 아이가 어느 정도 의사를 표현하고 행동이 좀 더 자유로워지고 난 이후다.

4세 이상이 되면 대게 아이들의 자기표현 능력이 '우리 아이 천재 아니야?' 하는 착각을 일으킬 만큼 눈에 띄게 향상된다. 특히나 어른이 쓰는 어휘나 표현들을 그대로 흡수하여 그렇게 신통할 수가 없다.

상황이 이렇다보니 부모의 눈에는 아이가 갑자기 성장한 것처럼 보인다. 아이에 대한 기대치가 높아지니 부모는 아이에게 요구사항이 많아지고, 아이는 자기만의 방식으로 행동하려 하니 의도치 않게 문제가 발생한다.

아이가 '엄마의 말'만 떠올리면
우울해지고 무기력해지고 자신이 쓸모없는 사람이라는
괴로운 생각에 좌절해서는 안 된다.
부디 우리 아이에게 '엄마의 말'은
언제 떠올려도 기분 좋고 힘이 나고
희망을 주는 느낌이면 좋겠다.
기운이 빠질 때 아무도 몰래 살짝 꺼내보면
기분 좋아지는 보석상자 같았으면 좋겠다.

– 이임숙의 《엄마의 말공부》 중에서

내 아이의 경우, 또래보다 말이 빨랐고 돌이 지나면서부터 항상 걸어다니거나 17개월에 가위질을 하는 등 대소근육의 발달도 빠른 편에 속했다. 그 때문에 나는 아이가 벌써 다 큰 것 같다는 착각에 빠지기도 했다. 아직 세 돌이 되지 않은 아이에게 무엇이든 제대로 가르치고 싶은 마음에 안 좋은 습관이나 사소한 행동 하나하나를 그냥 넘어가지 못했다. 어린아이에게 무엇이 옳은지 그른지에 대해 장황하게 설명하고, 작은 잘못에 크게 혼을 내기도 했다.

아이들이 말을 잘한다고 해서 어른의 언어를 모두 이해하는 것이 아니다. 그런데도 대게 4, 5살이 되면 큰 아이라 인지하고는 어른의 방식으로 대화를 하는 경우가 있다. 행동도 어른보다 느리고, 말을 이해하는 것도 천천히 기다려줘야 하는데 성인을 대하듯 아이를 다그치니 아이는 당황할 수밖에 없다. 그런 분위기에 위축되어 대답을 제대로 못할뿐더러 전후 사정은 모두 새하얗게 잊어버리고 만다.

그럴 때일수록 기억해야 할 것이 있다. 아이는 지금 자신이 잘못한 부분을 반성하거나 돌아볼 여유가 없는 상태라는 것을. 자신에게 쏟아내는 엄마의 말이나 표정, 행동을 우리가 생각하는 것 이상으로 오랜 시간 가슴에 담아둔다는 것을 기억했으면 좋겠다.

지금 내 모습이 '우리 엄마'라는 이름으로 아이가 평생 가져가게 될 기억일지도 모른다고 생각한다면 조금은 더 신중해질 필요가 있지 않을까? 그동안 이렇게나 아이에게 좋은 모습과 추억을 만들어주기 위해 애쓰고 노력했는데, 한순간을 참지 못해 아이의 가슴에 아프게 새겨진다는 것은 정말 무서운 일이다.

그동안 이렇게나 아이에게 잘 해줬으니 별문제가 없을 것이라고 생각할지라도 아이에게 그날의 공포 혹은 그날의 상처는 일생일대의 큰 사건이 될 수 있다.

'내가 이런저런 말실수를 했는데 괜찮을까?', '내가 이렇게까지 하면 안 됐는데 왜 그랬을까?' 등의 걱정이 앞선다면 어떻게 해야 할까? 자책하거나 미안함에 우울해하기보다는 '앞으로 이런 상황에서는 이렇게 대처해야겠다'라고 나만의 기준을 명확히 세우는 시간을 가졌으면 좋겠다.

아이를 바르게 잘 키우고 싶고, 올바른 생활 습관을 들여야 한다는 막중한 책임감이 오히려 아이와의 관계를 망치는 시작점이 될 수 있다. 아이에게 상처가 되는 말을 쏟아내기 전에 아직 아이가 그런 습관을 완성하기에 이른 시기임을 인정하면 좋겠다.

아이의 작은 성취를 칭찬하고 스스로 경험하고 노력하는 모습을 격려한다면 아이도 엄마도 더 나은 하루를 만들 수 있으리라 의심치 않는다.

아이에게 상처를 주지 않기 위해서는
거의 입 밖에 내뱉으려던 말들을
우선 마음속으로 되뇌어 봐야 한다.
이는 일 분도 걸리지 않는 과정이며
아무에게도 해를 끼치지 않는다.
대게 이런 말들은 진심이 아닌
그저 스쳐 지나가는 생각에서 나온 것일 뿐
당신이 진짜 원하는 말들이 아닌 경우가 많다.

- 나오미 알도트의 《믿는 만큼 성장하는 아이》 중에서

짜증, 무의식이 나에게 주는 벌

친정어머니에 이은 아이의 잦은 병치레로 몸과 마음이 힘들었던 적이 있다. 긍정적인 마음을 먹는 것도 그때뿐이었고, 더 잘하고 싶은 노력이 스스로를 지치게 했다.

주말 내내 아프던 아이가 상태가 호전되어 어린이집에 갈 수 있게 되자, 이제 어머니를 살필 수 있겠다고 안도했다. 하지만 기쁨도 잠시 아이는 어린이집에서 장염과 함께 눈병을 얻어오고 말았다.

평소 같았으면 그저 아이와 느긋이 집에서 시간을 보냈겠지만, 몸이 아픈 어머니가 계속 눈에 밟혔다. 어머니 곁에 있어야 하는데 그러지 못하는 상황이 반복되자, 마음도 무거워졌다. 그렇게 이틀이 지났을 무렵, 나도 모르게 아이를 향해 부정적인 말들을 뱉어내고 있었다. 또한 별거 아닌 일에도 욱하며 화를 냈다.

아이는 순식간에 변한 엄마의 말투에 불안감을 느꼈는지, 자꾸만 더 질문하고, 요구하며, 사랑을 확인하고 싶어 했다. 만약 내가 이 순간을 깨닫지 못하고 부정적인 감정을 계속해서 키웠다면 어떻게 됐을까?

다행히 아이가 아닌 나의 감정이 어긋나 있음을 알아차렸기에 아이의 불편한 감정이 오래 남지 않을 수 있었다. 아이에게 지금 엄마가 몸과 마음이 힘들어서 그렇게 이야기했던 것이라고 서둘러 사과하고, 다시 아이가 전하고자 하는 이야기에 귀 기울이기 시작했다.

길지 않은 시간이었지만, 스스로에게 실망하고 아이에게 미안해서 나라는 사람이 싫게 느껴졌던 그날. 아이에게 이유없이 욱하고, 화를 분출했다는 것에 회의감이 들어 잠든 아이 곁에 한참이나 머물렀다. '나는 너에게 화를 내도 된다'라는 나의 무의식 때문에 저 작은 아이에게 횡포를 부린 것이 아니었을까?

화가 났을 때 가장 어리석은 대처 방법은 남의 탓을 하고 그걸 고스란히 타인에게 드러내는 것이다. 자신의 화를 제대로 처리할 줄 모르는 사람들은 주위 사람들에게 화를 쏟아내며 자신의 감정이 불편하다는 것을 여지없이 표출한다. 자신의 불편한 감정이 타인에게도 전염되는 것을 당연하게 여기며 악순환을 반복하는 것이다.

이처럼 어른에게도 화는 감당하기 어려운 감정이다. 그런데 화가 난 대상이 자신과 가장 가까운 엄마라면 아이는 어떨까? 아이의 가슴에 고스란히 상처로 남지 않을까?

너무 잘해주려고 하는 마음이 앞서면 '이렇게까지 너에게 잘해주었는데 너는 왜 이것 하나조차도 양보하지 않니?' 하는 마음이 생긴다. 내가 해준 만큼 나도 모르게 아이에게 기대를 하는 것이다. 결국 나 혼자 만든 그 기대치 때문에 아이에게 소리를 지르거나 욱하고 화를 내어 아이와의 관계를 망치고 만다. 이런 잘못된 기대는 부부관계에서도 마찬가지다.

'폭풍 육아'라는 말처럼 매일같이 아이와 씨름하며 하루를 보내다보면 내 자신을 돌볼 겨를이 없다. 내 몸, 내 감정의 소중함을 잊고 지쳐가는 날들의 연속이다. '육아는 원래 전쟁이다!'라는 생각으로 내가 처한 상황을 불행하다고 느끼며 벗어나려 한다면 삶 자체가 지옥 같지 않을까?

육아기 동안 화를 참는 것도 중요하지만, 그것보다 더 중요한 것이 있다. 우선 내가 느끼는 검정을 외면하지 않고 관심을 가지는 것. 그것에서부터 시작해야 좀 더 나은 해법을 찾을 수 있다.

'오늘 나는 몇 번이나 나의 마음에 귀 기울였나?'

'내 몸의 상태에 대해 얼마나 많은 관심이 있나?'

이런 질문에 답을 하다보면 극단까지 치달아 폭발하는 감정의 횟수가 현저히 줄어들고 내게 좀 더 유리한 선택에 집중하며 나를 달래는 시간을 가질 수 있게 될 거라 생각한다. 어제보다 단 1%라도 더 말이다.

그렇게 나에게 집중하는 시간을 늘려가다보면 화를 내는 이유도, 욱하는 이유도 조금씩 보이게 된다. 내 감정의 주인이 '나'라는 사실을 언제나 기억하자. 내 감정의 주인이 '나'라는 사실을 기억하면 육아로 인해 육체적으로 바쁘고 힘든 것이 스트레스로까지 이어지지 않는다. 그러다보면 상황에 대한 인식이 달라지고 자신감이 생긴다. 그러니 너무 눈앞의 현실에 휘둘리지 말자. 스스로의 감정에 주인이 되어 내 마음을 살피고, 가꾸고, 지켜주는 일을 게을리하지 않았으면 좋겠다. 우리 자신을 위해서 말이다.

스무 번 중에 열아홉 번은 친절한 엄마인데
한 번은 광분한다면,
차라리 그 열아홉 번을 너무 애쓰지 않는 것이 낫다.
그리고 그 한 번을 안 하는 것이 낫다.
애를 쓰는 것보다 절대로 하지 말아야 하는 한 번을
안 하는 것이 낫다는 것이다.
'아이에게 절대 욱해서는 안 된다.'
이것이 육아의 가장 상위 레벨의 가치다.
아무리 시간과 돈, 체력을 들여서 최선을 다해도,
부모가 자주 욱하면 그 모든 것이 의미가 없다.
좋은 것을 먹여주고 보여주는 것보다,
욱하지 않는 것이 아이에게는 백배 더 유익하다.

– 오은영의 《못 참는 아이 욱하는 부모》 중에서

아이에게 화가 날 때, 마음을 다스리는

KEY POINT

감정적 조절법

- 3, 4번 길게 심호흡을 한다. 숨을 크게 들이마시고, 길게 내쉬면서 마음을 진정시킨다.
- 목소리 톤을 평소와 같이 낼 수 있도록 조절한다.
- 아이가 지금의 내 모습을 평생 기억하고 가져간다는 것을 기억한다.

물리적 조절법

- 아이와의 잠시 공간을 분리해서 감정을 진정시킬 시간을 확보한다.
- 본인이 가장 좋아하는 음악을 바로 들을 수 있도록 준비해둔다.
- 창을 열고 환기를 시킨다.
- 시원한 물 한 잔을 들이켠다.

아이의 감정에 귀 기울이면 보이는 것들

아이가 35개월이 되자, 아이는 '미운 4살'의 특성을 아낌없이 보여주었다. 감정의 기복이 심해지는가 싶더니, 울컥하여 울음을 터뜨리는 일이 잦아졌다. 그런가 하면 일부러 아기 흉내를 내겠다고 웅얼웅얼 알아들을 수 없는 언어를 쓰기도 했다.

청개구리처럼 변덕스럽기도 해서 '왜 저럴까?', '무엇이 문제일까?' 하는 걱정마저 안겨주었던 아이. 세 돌 즈음인 이 시기는 문제가 있는 모습으로 오해받기 쉬워서 아이도 부모도 감정적으로 불안정해지는 시기이다.

그러나 이것은 너무도 자연스러운 4살의 성장 모습이다.

물론 모든 유아는 개인차가 있음을 기억해야 한다. 아이마다 기질과 발달 속도의 차이가 있다. 그런데도 대부분의 유아가 거쳐가는 일반적인 모습 중 하나는 25~36개월에 두드러지게 나타나는 '부정적 감정의 표출'이다.

아이의 이런 변화에 부모가 당황스러워하는 것은 당연하다. 아이가 첫 번째로 겪는 질풍노도의 시기이기 때문이다. 육아가 점차 안정되어가고, 완벽하다고 느껴질 즈음 벌어지는 아이의 부정적 감정의 표출.

평화로웠던 오후 갑자기 대성통곡을 하며 울어대는 아이. 전후 사정을 떠올려봐도 특별한 징후를 발견하지 못했고, 여느 때와 다름없는 일상이었는데, 아이는 터져나오는 짜증 섞인 울음을 그치지 못했다. 울음소리에 당황해서 왜 우는지 그 이유를 알지 못한 채 달래기에만 급급했다. 이윽고 아이는 울음을 그치고 잠이 들었고, 나는 밤이 깊도록 아이의 행동을 이해하기 위해 생각을 이어갔다. 도대체 왜 저러는 걸까? 이유 없이 우는 아이가 아닐 텐데 내가 놓친 것이 무엇일까?

아이가 요구하는 것에 대해 평소처럼 분위기 전환을 하며 관심을 돌리려고 했던 것이 이유일 수도 있었다. 이미 성장의 중심선에 있던 아이는 이전과 달리 자신의 요구사항을 엄마가 들어줄 것을 강하게 어필했다. 그런데도 엄마가 아무렇지도 않게 말을 돌려버리니 아이의 입장에서는 자신의 의견이 무시당

했다고 느꼈을 수도 있다. 자신도 모르는 격한 감정이 올라오자 그것에 놀라서 더 울음을 그치지 못했을 아이.

아이는 그렇게 감정이 폭발하는 경험을 한 번 하고 나서는 다음 날도 울음부터 터뜨려버렸다. 분명 차근차근 이야기해도 될 일을 목소리부터 높이고 짜증을 부리던 아이는 아무리 달래도 달래지지 않았다. 하지만 어제의 생각 덕분인지 '아이가 감정을 조절하는 방법을 배우는 중이구나' 하고 넘기게 되었다. 엄마인 나도 당황스럽지만, 자신의 새로운 감정을 경험하고 놀란 이는 바로 아이 자신일 거란 생각이 들었기 때문이다.

한 번 터진 울음이 쉽게 그쳐지지 않는다는 것을 알기에 방에서 울고 있는 아이에게 이야기할 마음이 생기면 그때 엄마에게 오라고 하고 거실로 나왔다. 이때 방문을 닫지 않는 것이 좋다. 방문을 닫으면 아이가 혼자 격리되었다는 생각이 들어서 이전의 상황을 잊고 순간의 공포에 집중하기 때문이다.

몇 분간 계속해서 이어지는 아이의 울음소리. 그러고는 점차 잦아들더니 아이가 내게로 온다. 눈물을 머금고 조그만 어깨를 들썩거리는 모습이 퍽 귀엽기까지 하다. 엄마가 조그만 손을 꼭 잡아주자 아이는 조금씩 자신의 이야기를 하기 시작했다. 역시 이유가 있었다. 아이의 표현하는 방식이 서툴렀을 뿐이다.

엄마에게 미안하다고 사과하는 아이를 따뜻하게 안아주

며, 좋은 것이든 나쁜 것이든 감정을 표현하는 것은 바람직한 일이라고 위로해주었다. 그리고 그런 상황에서 내 마음처럼 되지 않아 기분이 나쁘다면 숨을 크게 들이마시고, 엄마에게 자신의 생각을 이야기해주면 같이 해결할 수 있을 거라고 설명했다. 엄마도 그런 과정을 거쳤다는 이야기와 함께.

그렇게 아이의 감정을 인정해주고 좀 더 나은 방법을 찾아주며 아이의 부정적인 감정과의 첫 만남이 지나갔다. 그 후 거짓말처럼 아이는 울기보다는 자신의 감정을 조리 있게 엄마에게 설명해서 모두를 놀라게 했다.

아이가 자신의 감정 반응을
솔직하고 편안하게 표현할 수 있게 하는 것이
부모가 아이에게 베풀어 줄 수 있는 최고의 덕목입니다.

특히 분노와 같은 격한 감정은
부모라는 울타리 안에서 표출될 때
안전하게 표현될 수 있다는 사실을 기억하세요.

-노경선의 《아이를 잘 키운다는 것》 중에서

아이는 감정도 함께 자란다

아이들이 하루가 다르게 몸이 자라는 것처럼 마음도, 감정도 함께 자란다. 방글거리며 예쁜 짓만 골라서 하던 아이도 성장하면서 인상을 쓰고, 울고, 짜증을 내는 등의 부정적인 감정을 배우게 된다.

4살의 아이들은 이런 감정이 처음이라 당혹스러울 것이다. 자신도 어떻게 표현하고 대처해야 하는지 혼란스러운데, 엄마는 자꾸만 나쁜 행동이라고 몰아세우면 어떻게 자신의 감정을 표출할 수 있을까?

감정의 변화가 발생하는 이 시기에는 언어적 표현 또한 평서문에서 시작해서 부정문 그리고 의문문의 단계로 발전한다.

간단한 표현이 "안 해", "싫어", "미워" 등의 부정문으로 발전하고, 그 단계를 지나면 아무 의미 없이 무조건 "왜?"를 달고 살던 아이가 어른들에게 구체적인 질문을 하며 답을 해주길 요구한다.

이처럼 아이가 무조건적인 부정문을 뱉어낼 때는 긍정의 언어로 전환해주고, 화를 내거나 투정을 부리면 그대로 인정해주자. 만약 그것이 해서는 안 되는 표현이라면 선을 확실히 긋고 올바르게 잡아주는 것이 현명하다.

의문문에 대해서도 질문이 단순하면 간략하게 답하고, 구체적으로 질문하면 책이나 인터넷 등을 이용해 구체적인 해결책을 아이와 함께 찾아보면 된다. 아이는 자신의 궁금증이 해소되어 개운하고, 자신의 감정을 받아들이는 아이로 자라게 될 것이다.

이쯤에서 다시 생각해보자. 아이가 엄마의 말을 고분고분 잘 들으면 이것은 좋은 것일까? 타인의 생각이 자신의 생각과 다르다고 표현하고, 엄마의 지시보다 자신의 생각이 옳다고 고집을 부리면 이것은 나쁜 것일까?

무엇보다 중요한 것은 같은 상황에서도 자신의 감정이 존중받은 경험이 있는 아이는 자신의 감정에 귀 기울이는 방법을 배웠기에 안정된 상태로 돌아오는 시간이 다른 아이보다 몇십 배에서 몇백 배 빠르다.

누군가로부터 감정을 이해받은 아이는
금방 감정을 추스르고 안정을 찾습니다.
그런 감정이 자신에게만 일어나는 것이 아니라
다른 사람들도 느낀다는 점에서 안도하며,
차츰 더 적절한 언행으로 표현할 수 있게 됩니다.
그러면서 아이들은 자신과 남을 존중할 수 있게 되는
것입니다.

– 조벽, 최성애, 존 가트맨의 《내 아이를 위한 감정코칭》

지금 우리 아이들은 인생이라는 긴 마라톤에서 좀 더 성숙한 인격체로 자라기 위해 이제 막 한 발짝 내딛는 중이다. 어찌할 바를 모르고, 실수를 연발하는 이 과정에서 자신의 감정을 분출하는 것일 뿐이다. 아이들 스스로 더 나은 내가 되기 위해서 조율하는 이때 부모가 감정을 억누르려고 한다면 어떻게 될까? 감정을 조율하는 법을 익히지 못한 채 무조건 자신의 행동이 나쁘다고 여길 것이다.

그러니 아이를 믿자. 그리고 한 발짝 물러서서 아이를 지켜보자. 분명 아이는 자신을 믿고 지켜보는 엄마의 마음을 고스란히 전달받을 것이다. 그리고 그것이 단단한 자아를 찾아가는 시작이 될 것이다.

4살의 감정을 대하는

KEY POINT

아이의 감정 표출을 대하는 부모의 실수

1. 아이와 대화 시 아이의 감정을 묻지 않고 부모 마음대로 설명한다.
2. 아이의 감정을 예측하여 부모가 결론지어 버린다.
3. 모든 걸 이해하는 것처럼 말한다.
4. 아이의 부정적 감정에 지나치게 예민하게 반응한다.
5. 과하지 않은 아이의 메시지는 흘려듣고 받아주지 않는다.

아이의 감정 표출을 대하는 부모의 자세

1. 숨 쉬는 것, 밥 먹는 것과 같은 자연스러운 것이 감정의 표현이라 인정한다.
2. 떼쓰기는 잘못되었다고 생각하는 무언가를 부모에게 다시 살펴달라고 요구하는 것임을 기억한다.
3. 아이의 자율성에 대한 욕구를 인정하고 지켜봐준다.

엄마가 행복해야 아이도 행복하다

엄마가 되면 원하든, 원하지 않든 기대와 설렘을 동반하는 불안감을 안고 살아가게 된다. '내가 잘 해내지 못하면 어쩌지?', '내 선택이 틀렸으면 어쩌지?', '내가 아이를 잘못 키우고 있는 것은 아닐까?' 등 알지 못하는 길에 대한 두려움 말이다.

매일 수없이 고민하고, 다른 엄마들과 함께 이야기를 나누어도 답이 없다. 그리고 이러한 걱정은 오히려 독이 될 때가 많다. 왜냐하면 불안이 내 곁의 행복을 보지 못하게 만들기 때문이다. 또한, 스스로를 지치게 해서 눈앞의 문제도 제대로 대처하지 못하게 한다.

아기를 낳고 그 아이가 자라 학교에 들어가고 청소년이 되고 성인이 되어 다시 다른 어른의 부모가 될 때까지 우리는 새롭게 맞닥뜨리는 순간순간 두려움과 불안을 계속해서 느낄 것이다.

하지만 겁내지 마라. 두려움과 불안은 부모를 절대 파괴하지 않는다. 오히려 두려움과 불안은 부모를 더욱 단단하게 만들고, 그로 인해 아이들을 더 건강하게 만든다.

대부분의 두려움과 불안 안에는 아이를 더 잘 키울 수 있게 하는 열쇠들이 숨어 있기 때문이다.

- 오은영의 《불안한 엄마, 무관심한 아빠》 중에서

아이를 키워보면 누구나 이런 경험을 하게 된다. 내 아이인데도 왜 이렇게 이해하기가 힘든지, 고비가 올 때마다 왜 이렇게 답답하기만 한지.

나 또한 육아에 완벽하게 적응했다고 느낄 즈음 위기가 찾아왔다. 위기가 닥치자 스스로가 원망스럽고 우울했다. 하지만 놀랍게도 그 시행착오를 이겨내고 나면 몰라보게 성장한 아이가 곁에 있었고, 나 또한 어제보다 조금 더 유연해졌다고 느꼈으니 이 위기는 나와 아이에게 새로운 기회이기도 했다.

물론 처음부터 시행착오를 긍정적으로 보았던 것은 아니다. 지금도 아이의 일이라면 별일이 아님에도 심장이 콩닥거리고 온갖 걱정을 끌어오고 만다. 하지만 나의 실수와 온몸을 부딪치면서 쌓인 경험들이 결국 아이를 키우는 것에 있어 반짝반짝 빛나는 노하우가 되었기에, 오늘의 나를 믿는다.

내가 부족하고 잘 모르는 것을 인정하고, 나보다 더 잘 아는 사람의 이야기에 귀 기울이며 그 속에서 내 아이를 알아가는 일은 생각보다 즐겁고 재미있다. 내가 못나서가 아니라 누구나 처음은 서툴다는 것, 나도 이제 막 엄마라는 이름에 익숙해지는 과정이기에 실수할 수밖에 없다는 것을 기억하자. 있는 그대로 인정하고 나면 실수하는 나와 부족해 보이는 남편을 탓하지 않고 하루하루 성장해가는 서로를 응원하고 위로하는 마음의 여유가 생긴다.

그렇게 불안감도, 두려움도 조금씩 내려놓자. 긍정적인 방향으로 걷다보면 어제를 사는 것도 내일을 사는 것도 아닌 지금 여기 이곳에 있는 나에게 집중하게 된다.

오늘에 집중하여 좀 더 노력하고 기쁘게 웃으며 지낸다면 내일 또한 행복하게 미소 지을 수 있다. 그러니 오늘부터라도 우리가 미소 짓는 이 순간이, 평온한 지금이, 실수하고 부딪히고 자꾸만 고민하게 되는 수많은 시간이 내가 아이와 함께 걸어가야 할 즐거운 육아기라는 생각을 가져보면 좋겠다.

엄마가 행복해야 아이가 행복하다고 하지 않겠는가? 그러니 무조건 우리는 오늘부터 행복해지기로 약속하자. 처음에 아이와 내가 어떻게 만나게 되었는지, 거기서부터 다시 시작하면 분명 생각보다 훨씬 쉬운 답안이 나를 기다리고 있을 것이다.

완벽함과 이별하기

엄마가 정한 기준이나 규칙을 아이에게 지나치게 강조하다보면 잔소리를 할 수밖에 없다. 아이들이 모두 똑같이 자라는 것이 아니듯 엄마가 미리 정해놓은 계획이 아이에게 정확히 맞아떨어질 수 없기에 완벽함을 추구하기보다 한 발 물러나 아이를 있는 그대로 바라보는 여유를 가지자.

한 번에 내려놓기가 힘들다면 하나씩 차근차근 실천하면 된다. 아이의 연령에 따라 충분히 아이 혼자서도 가능할 것이라 판단되는 부분은 아이에게 맡겨보는 것이다.

하나라도 좋다. 연령이 낮을수록 그 범위가 적은 것은 당연하다. 아이가 스스로 할 수 있는 부분을 엄마가 믿고 격려한다면 아이는 연습 과정에서 자신감이 생길 것이다. 그것이 쌓여가면서 자신이 괜찮은 사람이라는 자존감도 키워가게 될 것이다.

아이에게 쉽지 않은 일일 수도 있다. 그러나 반복하는 과정에서 그 영역은 온전히 아이의 것이 된다.

우리 아이들이 맞이할 미래는 진로를 엄마가 정해줄 수 없는 사회이다. 그만큼 진로가 세분화되고 다양해지기 때문에 아이 스스로 선택할 힘이 필요하다. 다만, 엄마는 아이에게 필요한 정보를 제공하고, 아이가 스스로 판단을 내리도록 내면의 힘을 키워주어야 한다.

물론, 어린아이가 스스로 해나가기는 쉽지 않다. 어른의 도움을 받으면 쉬이 끝날 일을 아이에게 온전히 맡기려니 걱정이 클 수밖에 없다. 그렇기에 '스스로'라는 과정에서 엄마가 먼저 시범을 보이고 간단한 안내를 해야 하는 것이다.

내가 나서서 해주는 것이 아닌, 할 수 있는 방법을 아이의 눈높이에 맞춰 알려주는 것. 혹은 아이가 배워야 하는 부분을 엄마가 먼저 실천하며 아이에게 보여주는 것. 그리고 가능하다면(위험하지 않다면) 개입하지 않고 느긋이 기다려주는 것이 필요하다. 이런 과정들이 모여 '스스로 해낼 수 있는 아이'가 되는 것이 아닐까?

함께 손잡고 걸으면 딱 나의 허리쯤에 오던 아이가 어느새 훌쩍 자라 있음에 놀랄 때가 있다. 호기심이 많아서 새로운 것에 거침없이 도전하지만, 또 어떨 때는 조심성도 겁도 참으로 많은 아이. 혼자서 척척 잘 해내지만, 또 어떤 날은 함께해줬으면 좋겠다고 말하는 아이. 똑 부러지게 제 할 일을 잘 해내다가도 어떤 날은 주야장천 잔소리를 하게 만드는 아이. 그렇게 아이는 지금 이 순간에도 자라고 있다.

연달아 문제가 일어난다고 해서 낙담할 필요는 없습니다. 아이는 항상 성장하기 때문입니다.
아이가 성장하면 새로운 문제가 생기는 게 당연한 일이고, 부모도 아이와 마찬가지로 성장합니다.
제 이미지에서 아이와의 관계는 문제를 해결해도 목표가 점점 멀어지는 듯한 신기루가 아니라 나선형 계단과 같습니다.
빙글빙글 돌아서 또 같은 곳에 돌아온 것 같아도, 반드시 전보다 높은 곳에 도달해 있습니다.
몇 번이나 도돌이표로 돌아가거나, 앞으로 가지 못하는 것 같아도 문득 어느 순간 높이까지 와 있다는 걸 깨닫습니다.

- 기시미 이치로의 《엄마를 위한 미움 받을 용기》 중에서

아이의 연령에 따라 맡겨볼

KEY POINT

아이의 연령에 따라 자연스럽게 어른의 일상에 초대해보자. 그 과정만으로도 아이들은 더 많이 웃고 즐기며 행복감을 느낀다.

2살(12~18개월) - 혼자 걷는 시기

아이들은 12개월 전후로 혼자 밥 먹기를 시도한다. 엄마가 허용 가능한 선에서 아이 스스로 먹을 수 있게 해주자. 귤이나 포도, 메추리알 등 혼자 껍질을 깔 수 있다.

3살(18~24개월) - 신체 활동이 자유로워지는 시기

스스로 신발 신고 벗기, 옷을 입고 벗기가 가능하다. 거품기를 이용해 달걀 풀기를 비롯하여 혼자서 비누를 이용해 손을 씻고, 로션을 바르는 과정까지 손쉽게 완료할 수 있다.

4살(24~36개월) - 할 수 있는 영역이 넓어지는 시기

간단한 요리가 가능하다. 쿠키나 김밥 등 엄마가 먼저 시범을 보여준다면 어설프지만 잘 해낼 수 있다.

5살(36~48개월) - 어른과 비슷한 일상이 가능한 시기

옷장과 책상, 침대 등의 정리 정돈을 할 수 있다. 정해진 장소 정리하는 방법만 알려준다면 완벽하게 정리를 할 수 있다.

Part 4

기다림 육아

한 발 물러서서 바라보기

기다림의 '진짜' 의미

아이는 시시각각 변한다. 아이의 알다가도 모를 행동에 가슴이 답답할 때도 있지만, 때론 천사 같은 모습으로 가슴이 벅차게 만든다.

어제만 해도 아이 때문에 죽을 것처럼 걱정하던 일이 순식간에 종적을 감추기도 하고, 아무것도 아닌 일에 머리가 터질 듯이 치열하게 갈등하기도 하는 것이 부모의 마음이 아닐까?

육아란 이렇듯 종이 한 장의 차이인 일탈과 정상을 끊임없이 반복하며 아이를 돕고 관찰하고 보호하는 일이다. 그리고 무엇보다 세상을 올바르게 볼 줄 아는 지혜와 살아가는 방법을 알려주는 것이 부모의 역할이라고 생각한다. 그렇기에 육아가 위대하면서도 감당하기 어려운 힘겨움으로 다가올 수 밖에 없다.

'아이를 낳는다'라는 출발점은 같지만, 육아라는 긴 시간을 어떻게 보내느냐는 온전히 부모의 선택이다. 힘들고 지쳐서 스트레스로 죽을 맛이라고 한다면 끝도 없이 고통스러운 시간일 것이다. 그러나 힘든 시기임에도 아이는 세상이 나에게 준 축복이며 행복이고 매 순간이 기적과도 같다는 마음으로 바라본다면 이처럼 즐거운 일도 또 없을 것이다.

물론 육아를 이렇게 두 가지로 분류하는 것은 극단적이다. 우리는 대부분 어느 한쪽으로 조금 더 기울어진 상태로 육아라는 과정을 보내게 될 거라 생각한다.

장마가 시작되기 전인 6월 중순 즈음, 아이가 어린이집을 마치면 집 앞 잔디밭에서 한 시간가량 놀이하도록 기다려 주었다. 아이가 맘껏 뛰어놀 수 있는 공간이기에 모래 놀이를 하든, 풀 속에서 놀든 스스로 집에 가자고 할 때까지 자유롭게 놀 수 있게 두었다. 아이가 잘 놀고 있는지 확인할 수 있는 거리에서 나는 책을 읽거나 다른 아이의 엄마와 이야기를 나누며 시간을 보냈다.

더운 날씨에 아이가 지치지는 않을까 걱정이 되었지만, 아이가 마음껏 대근육을 사용할 수 있다는 점과 충분히 놀고 난 후에 아이의 상쾌한 표정을 보는 것이 좋았다.

자연 속에서 만족스럽게 놀고 집으로 향하는 아이를 지켜보면서 교육학자인 몬테소리가 말하는 정상화의 모습이 이런 것이 아닐까 생각하게 되었다.

그런데 만약 이 상황을 조금 다른 시각으로 바라본다면 어떨까?

다른 아이들은 모두 집에 가고, 뜨거운 햇살 아래서 아이가 지저분한 흙을 훑으며 모래 놀이에 열중한다. 새까맣게 그을릴 정도로 햇살이 뜨거운데, 모자는 죽어도 안 쓰겠다고 고집을 부리는 아이. 도대체 몇십 분 동안이나 모래 뿌리기를 반복하는 걸까? 조금만 놀고 가자고 분명히 약속을 해놓고서 삼십 분이 넘었는데도 도무지 말을 안 듣는다. 갈수록 왜 이렇게 고집을 부리는 건지 아이가 참 미워 보인다. 앞으로 이 녀석을 어떻게 교육을 할지 눈앞이 깜깜하다. '미운 4살'이라고 하더니 틀린 말이 하나 없다. 다른 아이들은 엄마가 가자고 하면 잘도 따라가던데, 우리 아이는 왜 이렇게 유난스러울까?

도저히 갈 생각을 하지 않는 아이에게 엄마 혼자 가겠다고 으름장을 놓았더니 비로소 아이가 엉엉 울면서 쫓아온다. 그러게 진작 말을 들을 것이지, 괜히 또 나쁜 사람이 된 것 같은 기분에 쫓아오는 아이를 향해 크게 소리친다.

"진작 엄마 말을 들었으면 이렇게까지 안 했을 거 아니야? 어서 뚝 하지 못해?"

같은 상황이지만, 두 상황의 결과는 너무도 다르다. 분명 무조건 아이에게 맞춰줄 수만은 없는 것이 현실이다. 나 또한 위의 두 상황에서 한결같이 전자에 속하지도 않았다. 엄마도 사람인지라 피곤한 날이 왜 없을까? 또 저마다의 상황이라는 것이, 사정이라는 것이 넘치게도 많은 것이 우리네 일상인데 매번 저렇게 기다려 줄 수만은 없는 노릇이다.

그러나 아이가 꼭 하고 싶어 하는 것은 위험하고 문제가 되지 않는다면 허용해주는 것이 좋다. 어느 정도 허용의 선이 관대해야 불허용에 대한 인지가 아이에게 빠르게 와닿기 때문이다. 고작 4, 5살의 아이들이 알아서 약속을 지킬 거라 기대하는 것부터가 어쩌면 아이와의 힘든 시간을 예견한 것이 아닐까?

다행스럽게도 우리는 아이와의 매 순간에서 주도적인 입장에 위치할 수 있다. 의도하든 의도하지 않았든 결국 내가 생각한 보기 중 하나를 선택하게 되는 것은 분명한 사실이다. 나와 내 아이에 대한 기준을 정하고, 상황에 맞게 선택을 지속해서 이끌다보면 일관성 있게 아이와의 관계를 유지할 수 있다.

예를 들어 아이가 특별히 시간을 정하고 놀아야 하는 날이 있다면 어떻게 할까? 놀이를 시작할 때, 삼십 분 혹은 한 시간의 시간이 주어졌다고 미리 안내하고, 약속한 시간이 되기 오 분 전에 아이가 마음의 준비를 하도록 시간을 준다.

물론 아이가 약속 시간을 잘 지키면 금상첨화겠지만, 그러지 않은 것이 아이들이기에 4살이 넘었다면 아이의 입장에서 짧게 설명하는 방법을 활용해보자. 그리고 오 분에서 십 분 정도 보너스 시간을 주는 것도 큰 도움이 된다.

엄마가 일이 있어서 빨리 가야 한다는 설명보다는 너무 오래 놀면 몸이 지쳐서 집에 가서 놀기 힘들다거나, 간식을 먹지 못하고 잠이 들어버릴지도 모르겠다는 식으로 아이의 입장과 눈높이에 맞춰 설명하는 것이 좋다. 아이가 특별히 애착을 느끼는 반려동물이나 인형, 장난감 등을 언급하는 것도 효과적이다. 부정문이 아니고, 엄마의 입장도 아닌 아이의 입장에서 하는 설명이라 아이는 훨씬 빠르게 수긍한다.

햇살이 뜨거워도 아이가 모자를 안 쓰겠다고 한 날은 그냥 두면 된다. 억지로 모자를 씌우면 더 쓰기 싫은 것이 사람의 심리이다. 주변 친구들이 쓰고 있거나 아이 스스로 햇살이 너무 뜨겁다고 느끼면 알아서 모자를 달라고 할 것이다. 그렇기에 늘 준비했다가 그런 날 내어주면 된다. 아이가 스스로 선택한 행동이니 불만이 없다.

대부분의 아이는 호기심이 대단하다. 어느 정도 개인차가 있을지는 몰라도 무엇이든 만져봐야 직성이 풀리고, 하지 말라고 하면 더 하고 싶은 게 아이들이다. 아무리 자세하고 정확하게 설명해주어도 직접 눈으로 보고 만져보는 것만 못하다. 이왕 경험하게 되는 것에는 긍정적인 반응을 심어주는 것이 낫지 않을까?

일상에서 아이들의 기발한 발상에 깜짝깜짝 놀라는 일이 많다. 그 행위가 어른이 생각하는 무난한 선에서의 활동이라면 아이는 칭찬을 받겠지만, 엄마가 제재한 것에 대한 행동이라면 혼이 나게 될 것이다. 그 상황에서 아이는 다른 기발한 발상을 할 수 있을까? 오히려 자신의 사고를 폭발시키는 데에 제한을 받게 되니 같은 상황이 오더라도 위축될 수밖에 없다.

그렇기에 위험한 행동이 아니라면 아이를 너그러이 지켜보자. 아이는 수많은 경험을 통해 스스로 할 수 있다는 자신감을 얻을 것이다.

아이의 창의력 키우기 위해 부모가 알아야 할

KEY POINT

창의력을 방해하는 요소

1. 색칠을 하든 말을 하든 놀이를 하든 간에 규칙대로만 하라고 가르친다.
2. 끊임없이 자녀를 간섭하고 조종하려는 태도로 일관한다.
3. 자녀가 하고 싶어 하는 일을 할 수 있도록 기회를 주지 않고 사생활을 인정하지 않는다.
4. 바깥에 되도록 내보내지 않는다.
5. 언제나 부모에게 복종하라고 가르친다.

창의력을 높이는 요소

1. 복종할 것을 강요하지 않고 자기만의 독특한 개성과 주장을 격려해준다.
2. 아이의 질문을 격려하며 궁금증을 해소하도록 돕는다.
3. 창의성과 모험심은 같은 뜻이라는 사실을 명심한다.
4. 생활 내에서 가능한 한 아이의 자유를 인정한다.
5. 아이와 함께하면서 그들의 언행에 귀를 기울이는 시간을 매일 갖는다.
6. 야단보다는 칭찬을, 비난보다는 격려를 많이 한다.

있는 그대로의
너를
사랑해

언젠가 가까운 지인이 "아이가 잠시도 떨어지지 않으려 한다"며 고충을 털어놓았다. 원인을 찾기 위해 최근 무슨 일이 있었는지 물었더니 아이가 한동안 아팠다고 했다. 아프고 나더니 엄마와 잠시도 떨어지지 않으려 한다는 것이다.

지인은 평소처럼 아이가 혼자 잘 놀고 있을 때 잠깐 방에서 나와 화장실에 갔더니 아이가 울고불고 난리가 나는 통에 결국 아무 일도 하지 못했다고 말했다. 아이의 이러한 갑작스러운 변화에 어찌해야 할지 도무지 모르겠다는 고민이었다.

나의 첫 대답은 이랬다. 아이가 아플 때 계속 안아주고 혼자 할 수 있었던 것들을 엄마가 대신해주지 않았느냐고 말이다. 역시나 당연히 그랬다는 대답이 돌아왔다.

누구나 아이가 아프면 아이에게 평소보다 더 많은 신경을 쓴다. 엄마에겐 아이가 아프다는 것만으로도 모든 관심을 집중할 만큼 걱정스러운 일이기 때문이다.

나는 지인에게 아이의 입장에서 먼저 생각해보자고 제안했다. 아이의 기억력은 그리 길지 않기에 아이의 입장에서는 계속 안아주고 곁에서 모든 것을 해주던 엄마가 갑자기 아무 이유 없이 돌변하면 당황스러울 수밖에 없다. 그동안 당연히 해주던 많은 것을 아이에게 혼자 하라고 하니 모든 것이 두렵고 엄마에게 서운할 수밖에 없지 않았을까?

이럴 때는 아이와 '천천히 거리 두기'를 해야 한다. 아이가 말을 알아듣는 나이든, 그렇지 않든 "네가 더 이상 아프지 않기 때문에 이제는 도와줄 수 없다"라는 말보단 아이가 다시 하나씩 스스로 할 수 있도록 격려하고 칭찬하며 자연스럽게 일상으로 돌아가야 한다.

여기서 기억해야 할 것이 있다. 유아기에도 그렇지만, 두 돌이 되기 전의 아이에게는 최대한 하지 말아야 할 행동이 있다. 부모가 아무 말 없이 자리를 비우는 것이 그것이다. 아이가 다른 것에 집중해 있고, 내 말을 듣지 않는 것 같아도 아이의 시야에서 벗어나게 될 때는 반드시 이유를 말해야 한다. "엄마 화장실 좀 다녀올게" 혹은 "엄마 간식 챙겨올게"라며 아이가 이해할 수 있는 기준에서 안내해야 한다. 말없이 자리를 비우면 아이들은 상실감이나 불안감을 느끼기 때문이다.

이렇듯 자신의 행동을 돌아보지 않고, 아이의 행동에서 원인을 찾으려 하면 어려울 수밖에 없다. 지인은 아이의 행동에 대한 진짜 원인을 알게 되자, 스스로를 돌아보면서 다시 밝아졌다.

아이를 키워오며 많은 분에게 어쩌면 그렇게 아이의 입장에서 생각하고 얘기할 수 있느냐는 질문을 자주 받는다. 그러나 이것은 특별한 비법이 있는 것이 아니다. 아이를 하나의 인격체로 인정하고, 아이를 관찰하는 것에 재미를 붙였더니 이해가 되기 시작했다.

누구나 그렇게 될 수 있다. 아이의 입장에서 한 번 더 생각하는 여유를 갖는다면 말이다. 그것만으로도 아이와 나의 관계가 더욱 단단해지는 놀라운 경험을 하게 될 것이다.

아이의 일탈이라 단정 지었던 행동들은 사실 너무도 당연하고 자연스러운 성장 과정이다. 이것을 모른다면 그리고 알려고 노력하지 않는다면 엄마에게 아이는 미운 3살, 미운 5살, 미운 7살 등에 머물러 있을 것이다. 그리고 그렇게 아이의 행동을 별나고 말 안 듣는 시기라고 생각하면 육아 스트레스는 가중될 수밖에 없다. 자연히 스스로에 대한 회의감이나 자존감도 떨어지게 될 것이다.

그래서 아무것도 모르겠고 어렵게만 느껴지는 육아일지라도 개월 혹은 월령별로 어떤 특성을 보이는지 정보를 접했으면 좋겠다.

'몇 개월엔 무엇을 하고, 몇 개월엔 어떻다'라는 것을 달달 외워야 한다는 것이 아니다. '2살, 3살, 4살의 특성이 대략 어떻다'라는 전체적인 그림만 파악하고 있어도 마음의 준비를 할 수 있다. 또한, 그 상황에 직면했을 때 당황하거나 아이를 다그치기보다는 침착하게 대처할 수 있다.

아이는 부모의 뒷받침과 사랑을 필요로 한다.
부모가 아이에게 열쇠를 건넬 수는 있지만
문을 여는 것은 아이 자신이다.
부모가 아이를 바꾸려고 아무리 애를 써도
아이 스스로 하고 싶어 하지 않는 한 아이는 변하지 않는다.
부모는 아이를 완전한 존재로 인정하고,
너는 이미 훌륭하게 세상을 살아가고 있다는
메시지를 보내주어야 한다.
(중략) 부모의 인정으로 인해 아이는
자신의 생활을 관리하고
언제든 자신을 긍정적으로 생각하게 될 것이다.

- 웨인 다이어의 《아이의 행복을 위해 부모는 무엇을 해야 할까》 중에서

아이의 연령별 대표적 특성

KEY POINT

1~2세

무엇이든 입으로 가져가는 구강기의 시기. 아이가 입으로 탐구할 기회를 충분히 주자. "안 돼, 하지 마"라고 저지할 경우, 욕구가 충족되지 않아 다음 발달 단계에 영향을 미칠 수 있다. 기본적인 신뢰감을 형성하는 시기이기 때문에 자신과 가장 가까운 엄마(주 양육자)와의 애착 형성이 매우 중요하다. 긍정적 관계를 지속하면 긍정적 자아가 형성된다.

2~3세

스스로 하고자 하는 자율성이 발달하는 시기. 운동 능력과 언어 능력이 발달하기 때문에 주변 환경을 적극적으로 탐색한다. 무엇이든 혼자 하겠다는 의사를 표현하는 아이에게 가능 범위를 정해 다양한 일상 영역의 경험을 하도록 도와주자.

3~4세

대근육과 소근육이 발달하여 활동 영역이 넓어지고 감정을 언어로 표현하는 시기. “안 해”, “싫어!” 등의 부정어를 사용하고 어둠이나 큰소리 등에 공포를 느끼기 시작한다. 또래에게 관심을 가지기 시작하여 함께 놀이할 수 있다.

4~5세

폭발적으로 언어가 발달하고, 다양한 감정을 경험하는 시기. 특히 부정적인 감정을 표출하는 시기이다. 이 시기 유아는 목표 지향적이고 자기 주도성을 획득한다. 다양한 의문문의 구사가 가능해져 끊임없이 “왜?”라는 질문을 쏟아낸다. 아이의 질문은 함께 대화하고 관심받고 있음을 확인하고자 하는 의지에서 비롯된다. 따라서 간단히 대답해주고 아이의 질문에 대해 긍정적으로 반응하면 아이의 자신감이 높아지는 효과가 있다.

무조건적인 존중의 함정

아이가 3살에 막 접어들었을 때의 일이다. 어린아이도 존중이 필요하다는 것을 알고 나서 아이에게 대부분의 선택권을 주었던 엄마. 당시에는 그것이 아이를 존중하는 것이라 생각했기에 초보 엄마는 한차례 호된 시행착오를 겪어야만 했다.

'소소한 선택은 아이에게 맡기겠다'라는 의미로 옷을 고르거나 양말을 고르는 일을 아이에게 맡겼다. 아이가 결정권을 가지고 자기 생각을 표현하는 것과 동시에 엄마와 신뢰감을 형성할 수 있다고 생각했기 때문이다.

하지만 문제는 그 범위를 설정하지 않은 데서 발생했다. 한창 '아이 존중 육아'가 잘못 해석되고 있는 것이 문제가 되고 있을 때였다. 무조건 아이를 위하는 행동이 좋은 육아라는 듯한 착각을 일으킨 것이다. 어떤 행동이라도 아이가 원하는 대로 자유롭게 놔두는 것은 '아이 존중'을 잘못 해석한 것이다.

아이가 식당에서 뛰어놀고 싶어 하기에 그러라고 하는 것, 아이가 도서관에서 떠들어도 그냥 방치하는 것, 위험한 놀이를 해도 아이의 도전 정신을 존중한다면서 지켜보기만 하는 것, 아이의 기를 살려줘야 한다고 잘못한 일도 부모가 대신 나서서 사과하고 아이에겐 어떠한 훈육도 하지 않는 것 등.

'아이 존중'의 의미가 잘못 전달되어 어느 순간부터 부모 위에 군림하는 아이들을 심심찮게 볼 수 있다. 아이가 원하기에 마음대로 할 수 있게 두는 것이 존중이고, 아이가 힘든 것은 언제든 부모가 나서서 해주고 어떤 행동을 하더라도 자유롭게 놔두는 것이 존중이라니?

'아이 존중'의 진짜 의미는 아이의 '감정'을 인정해주는 것이다. 아이들은 아직 성인이 아니다. '아이 존중'이란 의미와 스스로 결정을 내리는 것의 범위를 반드시 분리해서 설정해야 한다. 그렇게 하지 않으면 오히려 부모가 권위를 잃는다.

또한, '아이 존중'을 잘못 실천하면 아이는 스스로 결정할 기회를 얻어서 기쁘고 감사한 것이 아니라 자신이 하고 싶은 대로 하는 것이 당연하다고 생각하게 된다. 결국 참을성을 배우지 못하고 자기중심적인 사람으로 자라게 되는 것이다.

아이를 존중한다는 것은
요구를 다 들어주고, 감정을 전부 표현하게 해주며,
어떤 행동이든 자유롭게 하도록 둔다는 의미가 아니다.

존중은 아이의 생각, 감정, 행동 중에서
감정을 인정해주는 것이 핵심이다.

- 조선미의 《영혼이 강한 아이로 키워라》 중에서

'아이 존중'은 아이를 하나의 인격체로 바라보는 데서부터 시작된다. 아이는 연령에 상관없이 당연히 하나의 독립된 존재이고, 나와 같은 인격체로서 존중해야 한다. 어른들의 눈에는 작고 힘없는 아이이기에 쉽게 무시하고 스스로 해낼 수 없는 존재라고 생각한다. 사랑과 보살핌이란 이름으로 끊임없이 개입하는 실수를 저지르지 말자.

온전히 아이들처럼 생각하고 아이들의 눈높이에 맞춰 이해하기는 어렵겠지만, 있는 모습 그대로 받아주는 것에서부터 제대로 된 존중이 시작된다. 그런 존중에서 시작된 배려 속에서 아이는 자신을 사랑하고 믿는 마음, 곧 자존감을 키우게 된다.

아이에게 작고 사소한 일부터
생각하고 결정할 기회를 주어야 한다.
실수를 너그럽게 받아들이되
실수를 통해 무엇을 배우는지 지켜보아야 한다.
실수를 겪고, 그 결과에 대처해보는 것만큼
많은 것을 배울 수 있는 기회는 없다.

– 조선미의 《영혼이 강한 아이로 키워라》 중에서

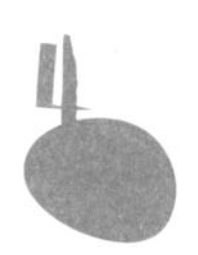

엄마의 기다림은 '스스로 하는 아이'를 만든다

갓 태어난 아기는 울음을 통해 배고프거나 피곤하거나 불편하거나 안아달라는 등의 기본적 욕구를 표현한다. 아이들 역시 성장을 거듭하는 과정에서 자신만의 방식으로 감정을 표출하고 생각을 전달한다. 만약 엄마가 그 신호를 놓치거나 인정하지 않으면 그날은 엄마와 아이 모두에게 힘든 날이 된다.

내 아이 역시 18개월을 기점으로 자신의 의지를 아낌없이 표출하기 시작했다. 무엇이든 자신이 중심이 되어, 엄마의 세세한 행동을 그냥 넘어가지 않았다. 이걸 해보라고 해서 했더니 이렇게 했다고 울음을 터뜨리고, 저렇게 해보라고 해서 해보니 또 그 방법은 잘못됐다고 화를 내는 아이. 도무지 종잡을 수 없는 행동으로 엄마를 여러 번 시험에 들게 했다.

아이들 대부분이 이 시기에 눈에 띄는 성장과 함께 의지가 강해지기 때문에 '다름'에 대한 분명한 의식을 자기만의 방식으로 드러낸다. 또 내가 이 세상에 나의 목소리를 낼 수 있다는 것에 대한 자신감도 유감없이 표출한다.

하루는 엄마가 청소하는 걸 유심히 지켜보던 아이가 자신이 세면대를 청소하겠다며 엄마가 사용하던 청소 도구를 요구했다. 그러고는 청소인지 물놀이인지 알 수 없는 지경에 이르러서야 다 끝났다며 이번엔 설거지를 해주겠다던 아이. 의자를 밟고 올라서더니 주방마저 물바다로 만들어버렸다.

아이의 이런 행동이 귀여우면서도 엄마에게는 일이 더 늘어난 상황.

'지금 당장 그만두게 해야 하나?'

'섣불리 개입했다가 일이 더 커지지는 않을까?'

'이만큼 기다려준 게 아까워서라도 끝까지 기다려줘야 할까?'

수많은 생각이 밀려들자, 머리가 복잡하기만 하다. 몇 번이고 손을 뻗어 아이를 도와주고 싶은 마음이 굴뚝같지만, 나의 손을 스스로 꼬집으며 우선 참고 기다리기로 했다.

섣불리 내가 개입했다가는 저 녀석이 얼마나 큰 소리로 울어댈지 혹은 처음부터 다시 해야 하는 불상사가 생길지 모를 일이기에 한 발짝 물러나 곁에서 지켜보기로 한다.

아이가 어려도 요청하지 않는 한 도움을 주지 말아야 한다.
요청하지 않은 도움을 주는 것은
본질적으로 아이의 능력과 자기주도력을 손상시키는 일이다.
어떤 환경에 있는 아이건
인생에 적응하기 위해서는 경험이 필요하다.
부모는 아이가 자신만의 경험을 통해
인생을 배울 수 있도록
간섭하지 말아야 한다는 것을 기억해야 한다.

– 나오미 알도트의 《믿는 만큼 성장하는 아이》 중에서

하고 싶은 것도 많고, 궁금한 것도 많은데 몸은 안 따라주는 작은 꼬마 녀석. 옷을 입는 것도, 신발을 신는 것도 한참이 걸리지만, 그 모습이 퍽 기특하다.

가끔은 내가 조금만 도와주면 금세 다음으로 넘어갈 것 같아 도와줄지, 말지 고민이 될 때도 있다. 하지만 지금껏 내가 보아온 아이는 자신만의 방법과 이유가 있었기에 아이가 나에게 도움을 요청할 때까지 기다리기로 한다. 이 기다림이 헛되지 않을 거란 믿음에 의지하면서.

처음에는 그렇게 한 발 물러나서 기다리는 것이 어려웠다. 그냥 내가 해주고 말면 될 것을 또 한참이나 걸리겠다 싶어서 아이 몰래 한숨을 내쉬기도 했다. 그러나 나의 소소한 도움이 아이의 자존심에 상처를 내고, 스스로 하려는 의지를 빼앗는다는 것을 알게 되었다.

엄마의 기다림은 아이가 자신이 선택한 것에 대한 책임감을 기르는 데에 도움이 된다. 아이는 실패하더라도 다시 한 번 도전하며 스스로 할 수 있다는 자신감을 얻는다.

물론 아이를 온전히 믿고 맡기며 기다리는 일은 웬만한 내공으로도 쉽지 않다. 그러나 '반보 물러난 부모가 독립적인 아이를 만든다'라는 자녀교육 전문가 신철희 소장님의 말을 기억하며 지금이라도 무던한 노력과 쉼 없는 반복을 통해 기다림 육아를 실천하기로 다짐했다.

돌도 안 된 아기의 손에 숟가락을 쥐여주고 음식의 반이 흘러내리는 것을 참아냈던 그때도 마찬가지였다. '혼자 먹어보고 싶다'라는 아이의 욕구를 인정하고 기다려준 덕분에 아이가 혼자 먹기의 재미를 깨달았던 것이 아닐까? 이때 시행착오를 겪고 성장한 아이는 다음의 도전으로 나아갈 자신감을 얻었을 것이다.

육아에 정답은 없다. 엄마 스스로 수많은 정보 중에서 우리 아이에게 맞는 정보를 구별하고, 스스로에 대한 믿음으로 나만의 공식을 완성해가는 것. 그것이 바람직한 육아다. 그 과정에서 실수하면 어떠랴. 실수하면 실수하는 대로 나는 오늘도 믿음이라는 나무에 비와 바람, 햇살이 되어 아이 곁에 머무를 것이다.

아이들의 시간은 모두 다르다

한동안 추위가 이어지더니 다시 따스한 햇볕과 함께 찬바람이 다소 누그러졌다. 아이를 등원시키고 집으로 걸어오는데, 아직 노란 단풍을 품은 은행나무가 보였다. 주변은 온통 앙상한 가지뿐인데, 홀로 어여쁜 빛을 간직한 은행나무. 느긋이 겨울을 맞이하는 그 모습이 무척 여유롭게 느껴졌다.

같은 시간 속에서도 저마다 다른 시기를 겪는 은행나무들. 노란 단풍을 품은 은행나무는 한눈에 보아도 볕이 잘 드는 곳에 자리를 잡고 있긴 했지만, 녀석의 성격이 남들보다 느긋해서 여전히 단풍을 품고 있는 것일 수도 있겠다는 생각이 들었다.

이처럼 똑같은 은행나무를 심어도 어떤 자리에서, 어떤 흙으로, 어떤 사람들의 기운을 받으며 자라느냐에 따라 그네들이 살아가는 속도는 다르다.

생명이란 다 그런 것이 아닐까? 나 혼자의 힘으로 살아가는 것 같다가도, 주변의 환경에 큰 영향을 받는다. 길가의 가로수도 아주 미미해보이는 주변의 잡초와 벌레의 영향을 받는다. 또 그것에 의해서 성장 시간이 달라지는데, 우리 아이들은 더 말해 무엇 할까?

아침에 만난 은행나무를 보며 아이들이 생각났다. 영·유아기부터 초등시기까지는 인생의 그 어느 때보다 주변의 영향을 많이 받는 때이다. 목을 겨우 가누던 아이가 혼자의 힘으로 몸을 뒤집고 기어가더니 곧이어 걸음마를 시작하고, 어느덧 혼자 숟가락을 잡고, 연필로 글을 쓰기 시작한다. 그 과정 속에는 저마다의 속도가 있다. 빠르든 느리든 자신의 속도를 유지하며 세상을 배운다. 부모가 다르고, 아이의 기질이 다르고, 살아가는 환경이 다르기에 같은 동네에 살아도, 같은 어머니를 둔 형제도, 하물며 같은 날 태어난 쌍둥이라 할지라도 모두가 개인차를 보이는 것일 테다.

느지막이 단풍이 들어 겨울에도 여전히 노란 잎사귀를 간직한 나무가 다소 느려보일지도 모른다. 하지만 그 나무도 이내 겨울이 지나고 봄이 오면 다시 새싹이 돋아날 것이다.

난 세상의 많은 부모들에게 간곡히 부탁하고 싶다.
아이를 아는 부모가 되자고.
사실 나도 많이는 알지 못한다.
그러니 함께 노력하자고 해야 옳을 것 같다.
아이가 무얼 하고 싶어 하는지,
무얼 말하고 있는지 눈 맞추고 귀 기울여 들어주자고.

– 이영미의 《기다리는 부모가 아이를 꿈꾸게 한다》 중에서

아이가 성장하다 보면 주변과 비교되고, 우리 아이가 뒤처지는 것이 아닌가 조바심이 드는 부분이 생길 것이다. 다른 아이는 괜찮은데, 왜 내 아이는 그렇지 못할까 속상한 마음이 든다면 조금은 먼 미래를 생각해보자. 그리고 지금이 아이의 전체 인생에 아주 작은 일부임을 인정하면 좋겠다.

다소 부족하더라도 내 아이의 장점을 먼저 바라보고 격려하면서 든든한 양육자이자 조력자가 되어보면 어떨까? 한 그루의 은행나무에서 배움을 얻어본다.

나는 그렇다. 내 아이의 눈앞에 있는 사물의 정확한 명칭을 알려주는 일보다 사물에 대해 고민하고, 만져보며 탐색할 수 있는 충분한 시간을 주는 것이 무엇보다 중요하다고 여긴다. 정답을 알려주기보다는 아이의 생각과 궁금증을 함께 고민하고 이야기 나눌 수 있는 엄마가 되길 바란다. 처음에 내가 가졌던 그 마음, 그 소신으로 흔들림 없이 아이의 걸음에 맞춰 앞으로 나아가기를 간절히 소원한다.

아이를
온전히
믿는다는 것의 의미

어떤 교육보다 유아기에 가장 중요한 교육은 아이가 스스로 할 수 있도록 아낌없는 격려와 환경을 마련해주는 것이다.

주의할 점은 아이가 더 잘하도록 재촉하거나 요구하면 오히려 독이 될 수 있다는 것이다. 나 역시 언어 발달이 빨랐던 아이가 자랑스러웠던 마음에 아이의 언어 속도를 자꾸만 확인하려 들었던 적이 있었다. 그 때문인지 16개월 즈음 아이는 보름 가까이 입을 닫아버리기도 했다.

물론 그 시기 엄마의 심리는 비슷하다. 가장 원초적인 성장 발달 시기이기 때문에 아이의 몸무게나 키, 발달 속도에 유난히 집착하게 된다. 심지어 아이가 모유를 먹는지, 분유를 먹는지 또는 얼마만큼 먹는지까지도 비교 대상이 된다. 그러다보니 다소 부족하다 싶으면 걱정이 앞서고 심각하게 고민을 하는 것이 부모의 마음일 것이다.

이런 현실 앞에서 아이가 16개월일 때 겪었던 나의 경험은 이 모든 비교를 내려놓게 했다. 지금 생각하면 아이들의 인생은 긴 마라톤과 같은데, 조금 더 빠르고 느린 것이 무슨 의미가 있을까 싶다. 나의 뼈저린 경험 덕분에 아이를 믿고 기다릴 수 있게 되었으니 참으로 아이러니하다.

그래서 주변의 지인이나 상담을 요청하는 분들의 고민을 들어줄 때도 지나친 개입은 자제하는 편이다. 사실 우리는 아무리 옆에서 설명을 해주어도 자기 생각과 행동을 쉽게 바꾸지 못한다. 스스로 몸을 부딪치고 무릎이 깨지고 아파야 그 상황을 인정하고 받아들인다.

육아도 같다. 육아에서 시행착오만큼 값진 과정은 없다. 지난 8년간 육아 블로그를 이어오면서 나의 한결같은 메시지는 '시행착오를 두려워하지 말자'였다. 개개인의 상황이 다르고, 아이의 기질과 특성이 다르다. 그렇기에 뾰족한 해결책을 찾기가 어려운 것일지도 모르겠다. 엄마의 실수와 반복만이 육아를 단단히 완성해갈 수 있다.

아이를 키우면서 주변 아이들의 이야기를 애써 외면하기는 힘들 것이다. 그래도 아이의 성장 속도는 개인차가 크다는 아이가 해낼 수 있다고 믿어라. 믿는 만큼 이루어진다.
한 가지 덧붙일 것은 아이의 자신감은 종종 부모의 긍정적 사고에서 시작된다는 사실이다.
무엇이든 부정적으로 말하는 부모는 무엇이든 부정적으로 말하는 아이를 만들어 좀처럼 자신감을 키울 수 없게 만든다.
하지만 같은 상황이라도 긍정적인 눈으로 보면 희망이 보이고 자신감이 생긴다.
따라서 평상시 아이를 대할 때는 긍정적인 말을 주로 쓰는 연습을 하라.

– 정지은, 김민태의 《아이의 사생활》 중에서

것이 엄연한 사실이기에 위축되기보다 당당하게 받아들이는 쪽을 택하자.

그러기 위해선 우선 나에 대한 믿음이 필요하다. 정보가 넘치는 세상에서 내 방식대로 아이를 키우기란 쉬운 일이 아니다. 그럴 때일수록 하나만 기억하자. 내가 옳고 내 아이가 향하는 방향이 맞는 것이라고.

또한, 아이를 믿어줘야 한다. 정확히는 내 아이의 의지를 믿어야 한다. 왜냐하면 아이들은 아주 어린 시점 그러니깐 막 출산했을 때부터 자신의 의사를 분명하게 표현하고 있기 때문이다. 배고파서 울고, 더워서 울고, 심심해서 울고, 마음대로 되지 않아 울고, 짜증을 내고, 혼자 해보겠다고 바락바락 소리를 지른다. 이제는 그만 기겠다고 잡고 걷더니 스스로 물을 마시겠다고 물통에 든 물을 쏟고, 혼자 먹겠다며 밥의 대부분을 줄줄 흘리면서도 혼자 할 수 있음에 행복해 웃는 아이들. 거기에 답이 있다.

엄마는 좀 더 부지런해져야 하고 좀 더 화를 참아내야 하지만, 그 고비를 넘기면 아이가 몰라보게 성장하는 믿기 힘든 일들이 벌어진다. 그러니 조금만 더 참고 아이를 믿어보길 권한다.

아이가 얼마나 단단하게 자신만의 성장 계획에 맞춰 하나하나를 터득하는지 지켜보다보면 지금의 이 이야기가 온전히 피부로 와닿는 순간이 올 거라고 믿는다.

아이를 온전히 믿는다는 건 바로 여기서 시작된다. 간혹 아이를 믿는다는 걸 아이에게 모든 선택지를 맡기고 아이가 하는 모든 행동을 허용하는 것이라고 오해하는 경우가 있다. 하지만 결코 그런 의미가 아니다.

그 연령에 맞게 아이가 할 수 있는 것에 대한 기준을 정하고, 그 기준에 맞게 믿음과 기회를 주는 것. 그것이 아이를 온전히 믿는다는 말일 것이다.

좀 미더워도 맡겨보는 것, 참견하고 싶어도 기다려주는 것, 그리고 아이가 노력한 부분을 찾아내어 칭찬해주다보면 기특한 모습이 조금씩 일상이 될 것이다. 그리고 엄마가 아이에게 해주는 칭찬의 표현들이 어제보다 오늘 더, 오늘보다 내일 더 행복한 아이로 성장시키는 열쇠가 되어줄 거란 확신을 조심스레 가져본다.

아이는 부모의 요구를 충족시킬 의무가 없다.
아이는 무엇이든 스스로 선택할 자유가 있고,
부모의 요구를 거부할 자유가 있다.
아이의 선택을 존중하며 아이의 한계와
욕구를 배려해주는 것이 부모로서 최선을 다하는 것이다.

- 나오미 알도트의 《믿는 만큼 성장하는 아이》 중에서

자존감, 혼자서도 해낼 수 있다는 믿음

감사하게도 나는 생각보다 일찍 아이의 자존감에 대한 개념을 접할 수 있었다. 아이의 영아기엔 요즘처럼 '자존감'이라는 의미가 크게 주목을 받지 못했기에 더욱 다행이라 여겨진다.

아이가 돌이 되기 전 《칼 비테 영재교육법》이란 도서를 추천받아 자녀를 대하는 태도와 교육에 대한 큰 그림을 그릴 수 있었다. 그 중 '아이의 자존감'에 대한 설명은 무척 간략하게 소개되어 있었기에 그 의미를 깊게 생각하지는 못했다. 사실 이제 갓 돌을 맞이하는 아이를 키우는 입장에서 책 속의 내용이 먼 미래의 일처럼 느껴졌던 게 사실이다. 그래도 다행인 것은 그 책 속의 내용이 아이를 키우면 이렇게 하고 싶다는 나의 바람과 맞닿아 있는 요소들이 제법있었다.

돌잔치도 치르지 않은 아이의 엄마였지만, '아이를 믿어주는 것은 아이의 자존감을 키우는 일'이라는 글과 '부모는 아이의 거울'과 같다는 설명 그리고 아이가 서툴러도 스스로 단추를 채우거나 신발을 신을 수 있도록 도와주는 과정 등에 공감했다. 또한, 아이 스스로 할 수 있도록 믿고 기다려주는 것 자체가 교육이자 아이의 자존감을 높여주는 일이라는 내용에 크게 감동하였다.

지금까지도 그때 읽어두었던 것을 기억하며 그런 엄마가 되기 위해 노력하고 있으니 아이의 자존감을 키우는 것은 나의 육아 정신의 뿌리임이 틀림없다.

아이와 산책을 하려고 준비하던 중 갑자기 비가 내렸던 어느 날의 일이다. 외출하지 못해 답답해할 아이에게 뭔가 재미난 놀이를 제안하고 싶었다. 지난번 운동화를 빨고 있는 엄마를 유심히 지켜보던 아이가 생각나 아이에게 더러워진 운동화에 대한 이야기를 꺼냈다.

아이는 신발이 더러워져서 속상하다고 하더니 세탁해보자는 엄마의 제안에 눈을 반짝거렸다. 자기가 해도 되냐며 재차 묻고는 행복한 표정으로 신발을 가지러 간 아이는 어느새 양손에 운동화를 들고 화장실 앞에서 엄마를 기다렸다.

자존감은 아이가 자기 자신에게 부여하는 가치이다.
자존감은 자기 자신의 고유한 가치에 관심을 갖는다.
자기 존중, 자기 존경, 자기 사랑을 의미하기 때문에
남들과 비교하여 우월감을 갖는다거나
열등감을 갖지 않는다.
자신을 있는 그대로 인정할 줄 알고,
있는 그대로의 자기 모습을 사랑할 줄 아는 정서이다.
자신의 장점을 자랑스러워하는 것처럼,
자신의 단점은 부끄러워할 줄 알고
그것을 흔쾌히 극복하려는 노력도 할 줄 안다.

– 정지은, 김은태의 《아이의 자존감》 중에서

아이에게 먼저 엄마가 쓰는 세탁 도구를 보여주었지만, 아이는 손이 작고 힘이 없어서 버려야 하는 칫솔로 운동화를 닦는 것이 안성맞춤이었다. 엄마의 시범을 유심히 보면서 씩씩하게 행동으로 옮기는 아이. 어설프지만, 신발 한 짝을 씻고는 수도꼭지를 틀어 헹구는 모습이 제법 꼼꼼하고 어여뻤다.

세상의 모든 것을 하나씩 배워나가는 아이들에겐 엄마가 먼저 천천히 시범을 보이는 것이 좋다. 아이가 엄마를 따라 스스로 행동하면서 자신에게 편한 자세를 찾도록 돕는 것. 이것이 아이가 스스로에 대한 자신감을 키우는 중요한 핵심이다.

그렇게 신발과 사랑에 빠진 듯 연신 웃어대며 뽀득뽀득 씻던 아이는 신발을 헹구면서 새로운 놀이를 발견한다. 신발 안에 컵처럼 물이 담기는 것을 발견한 것이다. 아이는 세상에서 가장 재미난 놀이를 알게 된 것처럼 운동화에 물을 담고 붓기를 반복하며 정신없이 시간을 보냈다.

나의 아주 사소한 제안에 아이가 기뻐하는 모습을 보며 나도 아이와 함께 따뜻한 시간을 보냈다. 그리고 찬찬히 아이가 스스로 할 수 있는 소소한 것들에 대한 생각의 가지를 이어본다. 그러다보면 거창하지 않더라도 아이가 신명 나고 행복하게 가지고 놀 놀잇감이 일상에 가득하다는 것을 깨닫는다.

놀이를 통해 새로운 것을 찾고 익히는 것은 우리 아이들에게 빛이고 행복이다. 어른에게 사소하고 별거 아닌 것들에 아이가 이렇게 감동하고 기뻐하는 모습을 보면서 또 한 번 새삼 느낀다.

한 살부터 시작된 아이의 '스스로 하기'. 튀밥 잡기에 몰입하던 것을 시작으로 돌도 안 된 아이가 숟가락을 이용해 밥을 먹기 위해 끊임없이 도전했고, 곧이어 귤을 까는 것에 푹 빠져서는 손끝까지 노랗게 물들였다.

두 살의 어느 날 자신이 가위질을 할 수 있다는 것에 기쁨의 탄성을 질렀고, 신발을 스스로 신는 과정에서 커다란 성취감을 경험했다. 또한, 물을 컵에 따르며 수없이 많은 실수를 반복하며 완성하고, 엄마가 하는 설거지까지 해내는 아이를 지켜보며 아낌없이 격려했던 이 모든 순간. 그 덕분에 지금의 내 아이가 새로운 도전에 대한 거부감보다는 "할 수 있다", "해보고 싶다"라는 말을 자주 하며 긍정적으로 성장했음을 확신한다.

'내가 해낼 수 있다'라는 믿음은 엄마도 아빠도 그 누구도 아이 대신 깨닫게 할 수 없다. 일상의 수많은 경험을 통해 아이가 스스로 깨달아야 한다. 한번 성취감을 맛본 아이들은 그 기분을 느끼기 위해 새로운 일에 또다시 도전한다.

아이의 도전을 부모가 존중한다면 아이는 자신의 선택에 더욱 집중하고, 그 집중력은 기억력으로, 다시 성취감으로 이어질 것이다.

아이가 살아갈 세월 중 엄마인 내가 무언가를 선택하여 이

끌어 줄 수 있는 시간은 얼마나 될까? 자녀의 성장 과정에서 부모는 양육자에서 지지자이자 조력자로, 그리고 상담자로 변해갈 것이다. 아이에게 좋은 방향을 제시해주되 선택은 언제나 아이의 몫임을 기억해야 한다. 그리고 아이의 거울인 나 자신 또한 좀 더 가치 있는 경험과 선택을 하는 사람이 되어야겠다고 매일 다짐한다.

모든 것에 완벽하기보다는 자신이 좋아하고 원하는 것을 맘껏 신명 나게 즐기는 아이가 되길 바라는 마음으로 내 아이를 바라본다.

아이의 자존감을 높이는 일상생활 속

KEY POINT

1. 아이의 자존감을 높이기 위해서는 아이가 '선택할 수 있게 도와주는 것'이 필요하다. 그러기 위해서 부모는 아이가 할 수 있는 것과 그렇지 않은 것에 대한 분명한 기준을 가져야 한다.

2. 불가한 것은 최소한으로, 가능한 것은 최대한으로 허용선을 그어놓고 아이가 좋아하는 것을 선택할 기회를 마련해주자.

3. 아이가 스스로 선택한 것에 대해서는 마무리까지 아이가 혼자 해낼 수 있도록 도와주자.

4. 아이는 선택이 자신의 몫이 되기 때문에 엄마로부터 존중받았다고 느끼고 스스로에 대한 긍정적인 생각을 하게 된다.

조절하는 힘을 배우는 시간

누구나 자기의 감정이나 욕망을 억제하고 조절하기는 쉽지 않다. 어른들에게도 쉽지 않은 일인데, 어린아이들은 오죽할까? 하지만 아이가 어른보다 더 잘하는 것이 있다. 바로 새로운 습관을 들이는 일이다.

아이는 새로운 것을 배우고 익히는 것에 편견이 없다. 어른의 설명이나 안내가 제대로 되었을 경우, 아이들은 누구보다 빠르게 습득하고 제 것으로 만들어낸다. 그렇기에 영·유아기부터 좋은 것을 습관화시키고, 나쁜 것을 자제하도록 안내하면 아이들은 스스로를 조절하는 힘을 키울 수 있다.

주말 조부모님을 모시고 음식점에 들렀다. 자리가 만석이라 번호표를 받아 대기석에서 기다리는데, 옆에 냉장고가 보였다. 냉장고 속에는 음식점에 방문한 손님을 위한 아이스크림이 가득했다. 식사를 마치고 나가는 사람도, 대기하는 사람도 냉장고 문을 여닫으며 너도나도 아이스크림을 맛있게 먹고 있었다.

아이가 그 모습을 보더니 떼를 쓰기 시작했다. "엄마 나도 아이스크림이 먹고 싶어요. 진짜 먹고 싶어." 안쓰러운 마음에 아이스크림을 하나 꺼내주고 싶었지만, 감기에 걸린 아이에게 좋을 것이 없어 보였다. 그래서 지금 먹을 수 없는 이유를 설명하고 잘 참고 감기가 나으면 원하는 맛으로 사주겠노라고 약속했다.

분명 아이에게는 쉽지 않은 일이었을 텐데, 아이는 감기가 나으면 다음에 꼭 사달라는 얘기를 끝으로 아이스크림을 찾지 않았다. 잘 참아낸 아이가 기특해서 칭찬하며 머리를 쓰다듬어주었다. 그날 밤 아이와 목욕을 하고 있는데, 갑자기 아이가 이야기했다.

"엄마! 아까 그렇게 얘기해줘서 고마워요."

"응? 무슨 얘기 말하는 거야?"

"아이스크림 먹지 말라고 한 거, 엄마가 내 몸을 걱정해서 얘기했던 거잖아요. 고마워요."

아이의 이야기에 순간 멍해짐을 느꼈다. 어떻게 아이가 이렇게나 기특할 수 있을까? 엄마가 단순히 저 하고 싶은 걸 하지 못하게 한 것이 아니라, 자신의 몸을 걱정하여 그랬다는 걸 아이가 이해하고 있다는 것에 감동했다.

내가 아이에게 끊임없이 설명하고 나와 동등한 인격체로서 대했던 많은 배려가 아이에게 고스란히 전해졌음을 느꼈다. 아이는 그런 일상의 경험들로 자기조절력을 키웠을 것이다.

아이가 텔레비전을 볼 때도 억지로 아이를 멈추게 하지 않고, 아이가 스스로 멈출 수 있도록 습관을 들였다. 엄마가 처음부터 아이가 보고 싶을 때까지 보라는 식으로 조절하기 힘든 허용 범위를 주면 안 된다. 삼십 분 정도 아이 곁에서 함께 본다는 생각으로 두 편 혹은 세 편을 확실히 제안한 뒤, 아이가 스스로 약속을 지키는 과정을 반복해서 경험하게 하는 것이다. 그러면 아이도 스스로 기준을 잡고는 떼를 쓰거나 눈치를 보지 않는다.

나는 믿는다. 아이가 스스로 행동하고, 인내심을 배우며, 자신을 조절하는 힘을 키운다면 아이는 분명 더욱 단단해질 거라는 사실을. 그리고 엄마가 곁에서 너를 존중하고, 너의 얘기에 귀를 기울이고 있다는 것을 아이의 시각에서 표현해주는 것이 중요하다는 사실을.

아이는 오히려 꾸중하는 엄마를 신뢰한다.
자기를 위해 꾸중한다는 것을 안다.
엄마의 꾸중이 반가운 건 아니지만
적어도 자신을 지켜주고 있다는 사실을 알고 안심한다.
제지하고 꾸중하는 울타리가
아이의 정서적 안정을 지켜주는 보호막이다.

- 이시형의 《아이의 자기 조절력》 중에서

엄마의 마음이 곧 아이의 마음

육아를 할 때 중요한 것 중 하나는 엄마의 마음 상태다. 아이에게 엄마의 마음이 고스란히 전해지기 때문이다. 특히 아이가 영·유아라면 엄마 스스로 자신의 마음을 더욱 살펴야 한다. 엄마가 매 순간 불안감으로 흔들리면 아이 역시 흔들리게 된다.

아이의 자신감도 마찬가지이다. 엄마가 아이를 믿지 못하고 불안해하면 아이 또한 자신을 믿지 못하게 된다. 그러니 아이가 스스로를 믿고 도전하길 바란다면 아이를 믿고 기다려주자. 손을 뻗어 도와주고 싶은 마음이 들더라도 천천히 열을 새어보자.

내가 심호흡하며 기다린 그 시간을 통해 아이는 성장한다. 아이는 자신을 끝없이 탐색하고, 실수를 반복하며, 자신만의 방법을 깨우칠 것이다.

엄마가 그렇게 기다려준 시간이 모이면 아이의 집중력도 좋아진다. 자신이 생각한 것을 행동에 옮기며, 주어진 시간에 온전히 집중하여 해결하려고 노력하기 때문이다. 그러다보면 집중하는 시간이 눈에 띄게 늘어난다.

물론 아이가 서투르게 도전하는 모습을 보면 나서서 도와주고 싶은 게 엄마의 마음이다. '이건 이렇게 하는 편이 더 나을 텐데', '조금만 알려주면 더 편하게 할 수 있을 텐데' 등 처음에는 안타까운 마음에 참을 수 없이 개입하고 싶어진다.

하지만 '마음속으로 열이라도 새어보며 참아보자'라고 다짐하면서 기다리자 아이가 성장하는 모습이 눈에 보이기 시작했다. 실패와 도전을 반복하며 조금씩 나아가는 아이의 표정에서 용기와 자신감을 읽을 수 있었다.

그렇게 얻게 된 자신감은 혼자 해보려는 의지를 더욱 강화시킨다. 포기하기보다 집중해서 완성도를 높이려고 하는 긍정적인 선순환이 일어나는 것이다. 그렇게 해서 내 블로그의 타이틀이기도 했던 '부모의 기다림은 아이의 집중력으로 이어진다'라는 문구가 탄생하게 되었다.

처음부터 모든 것이 순조로웠던 것은 아니다. 나는 친정아 엄마가 행복해야 행복한 아이를 기를 수 있다.
나는 사소한 즐거움을 찾아 누리며 행복감에 젖었다.

나를 엄마라 부르며 내게 먼저 의논하는 아이들이 있는 것.
아니, 그들이 내게 어떻게 해주어서라기보다
그냥 살아 있는 것 자체가 기쁨이다.

아이 커 가는 것을 지켜볼 수 있는 것,
아이의 엄마라는 것 자체가
전율로 느껴질 만큼 즐거운 일이다.

몸 누일 쉴 곳이 있는 것, 몸이 건강한 것,
건강하여 어디든 갈 수 있는 것,
내가 좋아하는 이들이 있는 것,
나를 반기는 이가 있다는 것도 큰 기쁨이다.
길 가다 맛있는 음식을 살 수 있는 것,
먹을 수 있는 것,
시원하게 용변을 볼 수 있는 것 또한 큰 기쁨이리라.

내가 가진 것이 이리도 많다.

– 서형숙의 《엄마학교》 중에서

버지를 닮은 탓에 성격이 급해서 무언가가 어질러져 있으면 바로바로 치워야 직성이 풀렸다. 그래서 처음에는 아이의 옆에 앉아서 아이가 혼자 하기 힘들어하는 모습을 보이면 얼른 도와주고 나서서 해결해줬다. 그게 아이를 위한 일이고, 엄마인 내가 해야 할 일이라고 생각했기 때문이다. 그런데 그러기를 반복하니 아이가 혼자 놀기에 몰입하기보다는 무조건 엄마에게 의존하는 것이 아닌가? 조금만 힘을 써야 하면 "엄마가!"라며 내 눈앞에 가져다 놓기까지 하는 웃지 못할 상황이 벌어졌다.

분명히 아이가 혼자서도 잘 가지고 놀 수 있는 장난감인데도 아이는 엄마에게 모두 해달라고 하니 온종일 아이 옆에 붙어 있어야 했다. 설거지라도 하려고 하면 다리를 잡고 늘어지는 통에 아무것도 할 수 없어 신랑이 오기만을 기다리며 그렇게 하루하루를 보냈다.

돌이 지날 즈음에는 아이들의 애착 형성이 중요한 시기이니 그럴 수 있다고 백번 양보해도 힘든 것은 어쩔 수 없는 일이었다. 그렇게 절박한 시점에 알게 된 '기다림'은 온전히 아이를 위한 것이라기보다는 '나를 위한 해결책'이기도 했다. 내가 좀 더 편해지고 싶어서라는 바람도 있었기 때문이다.

그것의 시작은 '약간의 거리를 두며 지켜봐주는 일'이었다. 혼자 놀 수 있도록 아이가 처음 접하는 물건이나 장난감은 천천히 사용 방법을 알려주고는 어느 정도의 거리를 두며 아이가 노는 모습을 지켜봤다.

대신 아이가 분리불안을 느끼지 않도록 아이의 시선이 닿는 곳에 앉아서 책을 읽거나 가계부를 썼다. 가끔 터져나오는 아이의 감탄사에는 간간이 눈을 맞추고 웃어주면서 엄마도 엄마의 자리에서 독립된 시간을 보내는 방법을 터득해갔다. 그 방법을 통해 나의 육아 만족도가 높아졌다.

내가 힘들고 절박해서 시작한 것인데, 무엇보다 더 놀라운 것은 아이의 변화였다. 엄마가 곁에 있으니 아이는 엄마를 찾는 횟수가 줄어들었고, 교구나 장난감 놀이에 엄청난 집중력을 보이기 시작했다. 조금만 어려운 부분이 생기면 엄마의 팔을 끌어당기며 해달라고 했던 아이가 열 번이고, 스무 번이고 실패해서 다시 하면서도 짜증을 내지 않았다. 끊임없이 반복하다가 스스로 해냈을 때의 기쁜 표정은 말로 다 표현할 수 없는 경이로움 그 자체였다.

또한, 이전에 무언가를 해내면 엄마를 불러서 보여주는 데 급급했다면 저 스스로 도전하고 저 스스로 손뼉을 치며 새로운 기쁨을 알아가고 있었다. 아이의 모습을 보자 '이런 게 바로 아이를 기다려준다는 거구나'라는 가슴 깊은 확신이 들었다.

내가 아이를 믿는 만큼 아이도 자신을 믿을 거란 확신이 있기에 나의 욕심을 덜어내며 오늘도 아이를 기다려본다.

엄마라서 참 행복하다.

10

아이의 적응을 돕는 7가지 방법

오늘도 아이는 자기 몸집과 비슷한 커다란 가방을 메고 씩씩하게 어린이집에 갔다. 며칠 전까지 울며불며 엄마와 떨어지지 않으려 했던 그 아이는 어디로 갔는지, 신발을 벗자마자 후다닥 자기 반으로 들어가버리는 아이를 보면 피식 웃음이 나온다.

매 순간 느끼는 거지만 아이는 어른이 생각하는 것보다 훨씬 더 강한 적응력을 가지고 있다. 아이의 적응력이 기쁘면서도 엄마와 떨어지는 게 익숙해진 아이를 보면 못내 서운한 마음이 들기도 한다. 어쩌면 변화의 순간마다 아이보다 부모가 더 힘든지도 모르겠다. 그래서 괜스레 아이가 안쓰럽다는 핑계로 나의 불안감을 위안 삼고 있는 게 아닐까?

어린이집이나 유치원을 선택하는 시간도 엄마에겐 적잖이 힘든 과정이지만, 아이가 입학하면 또 다른 걱정거리가 생긴다. 아이가 기관에 적응하는 과정이 그것이다. 많은 아이가 처음 등원을 하면 짧게는 하루나 이틀, 길게는 며칠간 울음을 터뜨린다.

아이가 힘들어하는 모습을 보면 안쓰러운 마음에 이렇게까지 보내야 하는지 갈등이 생기지만, 그 과정 또한 자연의 순리라고 생각하자. 어떻게 하면 아이가 무리 없이 기관에 잘 적응할 수 있는지 여기서 풀어보고자 한다.

아이가 우는 가장 큰 이유는 종일 함께 지내던 엄마와 떨어져 낯선 곳에서 낯선 사람들과 함께 있어야 하기 때문이다. 그것은 어른인 우리들에게도 힘든 일이다. 혼자 집을 찾아올 수 없는 아이의 입장에서 그것을 감당하기가 얼마나 고통스러울까?

엄마라는 존재는 5, 6세 이하의 유아에겐 거의 절대적이다. 엄마가 자신의 전부이며, 엄마가 하는 말은 무조건 진실로 믿는다. 그런 엄마와 떨어지게 하는 장소이니 아이에게 어린이집이나 유치원이 부정적으로 다가올 수밖에 없다.

아이가 기관을 긍정적으로 여기게 하려면 어떻게 임해야 할까?

먼저, 엄마부터 기관에 긍정적인 마음을 가진다. 이 시기에는 아이의 관찰력이 예리하기 때문에 엄마의 표정이나 말투, 감정의 변화를 잘 읽는다. 그렇기 때문에 이왕 보낼 거라면 등원 전에 부정적인 말은 피하자. 부정적인 말은 "너 거기 보내기 싫다. 오늘은 쉴래?"라는 말과 같다. 그렇기 때문에 아이를 어린이집에 보내기 전에 엄마가 먼저 마음의 준비가 되어 있는지 점검해야 한다. 엄마가 준비되어 있지 않으면 아이 역시 쉽게 적응하지 못한다.

둘째, 기관에 다녀온 아이에게 오늘 무엇을 했는지, 누구와 재미있게 놀았는지 관심을 가져보자. 기관에 보냈다고 해서 엄마의 역할이 끝난 것이 아니다. 엄마와 떨어져 지냈던 아이의 하루에 관심을 가져야 한다. 무엇을 먹었는지, 어떤 노래를 배웠는지를 물어보면서 아이의 대답에 긍정의 신호를 보내자.

"우와~ 그랬구나", "와~ 너무 재미있었겠는데?" 등 적절한 감탄사를 섞어서 대답하다보면 너무도 신이 나서 이야기를 늘어놓는 아이를 발견할 수 있을 것이다. 그런 작은 실천이 아이의 일상이 되고, 내일을 기다리게 하는 시간이 된다는 것을 기억하자.

셋째, 아이의 친구들에게 관심을 가진다. 나의 경우, 어린이집 오리엔테이션 시간에 만난 아이 친구들의 이름을 대부분 외웠다. 이름과 함께 얼굴, 작은 특성까지도 기억했던 덕분에 하원한 아이와의 대화가 풍성해졌다. 엄마의 관심이 자신을 향한 사랑이라는 걸 알았던 아이는 이 순간을 기쁨으로 받아들였다.

그렇게 아이는 엄마와 함께 어린이집에서 친구들과 있었던 이야기를 나누고, 저녁이나 아침에는 아빠에게 이야기를 늘어놓으면서 자신이 속한 기관에 소속감을 느끼며 안정되었다. 또한, 아이는 엄마, 아빠는 볼 수 없었던 그때의 상황을 최대한 자세하게 묘사하려고 노력하면서 표현력과 어휘력이 눈에 띄게 높아졌다.

넷째, 기관에 다녀온 아이를 가슴 가득 안아준다. 아이들이 새로운 환경에서 6, 7시간을 적응하는 모습은 생각만 해도 기특한 일이다. 적응하느라 수고한 아이들을 더욱 꼭 안아주고, 더 많이 사랑한다고 이야기하자. 엄마의 사랑이 여전하다는 걸, 충만하다는 걸 아이가 피부로 느끼면 적응력 또한 훨씬 더 빨라지고 일상에 대한 신뢰와 믿음이 커지게 된다.

다섯째, 등·하원 시간을 지키자. 아이들이 너무 늦게 등원을 하면 환경에 적응할 시간 없이 바로 프로그램에 참여해야 한다. 시간이 들쑥날쑥해서 아이가 적응할 시간을 충분히 가지지 못하면 기관에 적응하는 것에 부정적인 영향을 준다.

등원 시간을 지키는 것보다 더 중요한 건 하원 시간을 지키는 것이다. 하원 시간 전에 미리 가는 것도 좋지 않고, 늦게 가는 건 더욱더 좋지 않다.

먼저, 정해진 시간보다 좀 더 일찍 아이를 데리러 갔을 경우에는 다른 아이들에게 안 좋은 영향을 준다. 잘 놀던 다른 아이들은 엄마가 온 친구를 보게 되면 마음이 동요한다. 우리 엄마는 언제 오는지, 왜 오지 않는지 기다리기 시작하는 것이다.

아이들에게 5분, 10분이 얼마나 길게 느껴질지 알고 있다면 다른 아이들을 위해 시간을 꼭 지키자. 내 아이 역시 정해진 시간에 엄마가 와야 마치는 시간까지 마음 편히 하던 일에 집중하며 기다릴 수 있게 된다.

늦게 도착할 경우에는 미리 아이에게 양해를 구하는 것이 좋다. 다른 아이들은 엄마 손을 잡고 집에 가는데, 이유도 모르고 혼자 남겨진다면 엄마와의 신뢰 형성에 문제가 생길 수 있다.

갑작스럽게 조금 늦을 것 같다면 사전에 기관으로 연락을 취해 늦는 이유와 얼마나 늦을 거 같은지를 아이에게 설명해 달라고 부탁하는 편이 좋다.

여섯째, 적응 기간에는 기관에 다녀온 후 집에서 편안한 일상을 보내자. 적응 기간은 짧게는 한 달에서 길게는 두세 달이 걸린다. 아이가 잘 해내는 것 같더라도 집에서만 시간을 보내던 아이가 기관에서 시간을 보내면 정신적으로 많은 에너지를 소비한다.

그렇기 때문에 외출 등의 추가적인 활동을 하면 아이의 피로가 누적되어 예민해지거나 몸이 아픈 경우도 생긴다. 아이의 성향과 기질에 맞게 적절한 시간을 안배하고, 편안한 음악을 들려주거나 목욕을 시키는 것을 권한다.

마지막으로 아이들이 적응하는 동안에는 웬만하면 결석하지 않도록 하자. 물론 아이가 고열로 아프거나 전염성이 큰 병치레를 한다면 다른 아이를 위해 등원을 쉬고 건강을 챙겨야 한다.

하지만 날씨가 흐려서, 너무 춥거나 더워서, 엄마에게 일이 있어서 등 엄마나 아이의 편의를 위해서 아이를 등원시키지 않는다면 이것은 아이의 습관에 영향을 준다. 별일 아닌 것에도 아이가 등원을 하지 않겠다고 고집을 부리거나 이런저런 이유를 찾으며 회피하려고 하기 때문이다.

아직은 아이가 마냥 어리고 여릴지라도 기관을 다니면서 친구들과 선생님을 만나다보면 부모가 채울 수 없는 또 다른 성장을 한다. 그러니 엄마는 아이가 잘 적응할 것이라 믿고, 기다려주자. 대신 아이가 도움을 요청하면 바로 손을 뻗어줄 위치에서 아이를 기다리자. 그런 엄마라면 아이도 무척 든든하지 않을까?

아이에게 '너를 믿는다' 말해줍니다. 혹시 아이가 흔들리지 않고 끝까지 약속을 지킬 것이라 믿는 것인가요? 그렇다면 참 곤란합니다.
사람은 다 약합니다. 항상 흔들리죠. 그런 흔들리는 존재를 믿어야 합니다. 흔들리지 않을 거라고 믿는 것이 아니라 흔들리기에 더욱 믿음을 주는 것입니다. 비록 흔들리겠지만 포기하지 말자고 응원의 한마디를 아이에게 전하는 것입니다.

-서천석의 《우리 아이 괜찮아요》 중에서

11

네가 세상을 기쁘게 배우기를 응원한다

엄마에게 기다림이란 무척이나 큰 고통이다. 아이가 성장하면 할수록 더 어려워진다는 부모님의 이야기는 현실이었다. 정확히 어느 부분을 딱 꼬집어 '어렵다'라고 이야기할 순 없지만, 영·유아기를 벗어난 아이에게 이제는 어떤 방식으로 접근해야 하는지 정확한 답을 알지 못하기 때문이 아닐까 싶다.

아기 때도 그렇지만 엄마의 조바심은 끝이 없다. 그래서 '기다리는 일'은 속이 새까맣게 타들어갈 정도로 쉽지 않다. 가끔은 다른 아이와 비교하는 마음이 들기도 한다. 하지만 그럴 때마다 아이의 경험이 기분 좋은 순간이 되는 것이 중요하다는 나의 기준을 재점검한다.

나는 내 아이가 다른 아이보다 '무엇'을 잘했으면 좋겠다는 생각보다 아이가 하나를 경험해도 긍정적이고 기분 좋은 경험을 하기를 바란다. 그저 아이가 표현하는 게 예뻐서 웃고, 아이의 미소가 좋아서 더 웃고, 아이가 작은 성취감을 느끼는 모습에 더없이 감동했던 그날의 나처럼.

아이가 걸음마를 시작했을 때부터 지금까지 나는 아이와 자주 하늘을 올려다본다. 아이와 함께 지금 우리가 바라보는 하늘과 구름에 관해 이야기를 나누며 오로지 지금 이 순간에 집중한다. 그러다보면 아이만큼 나 또한 동심으로 빠져드는 경험을 한다.

신나는 음악을 들으며 아이와 온몸을 흔들다보면 아이의 깔깔대는 웃음소리에 나도 3살배기의 아이처럼 깔깔대며 웃는다. 아이가 좋아하는 간식과 내가 좋아하는 커피 한 잔을 식탁 위에 놓고 함께 수다를 떨어보는 시간 속에서 행복을 만끽한다.

아이와 함께 있다보면 입안 가득 번지는 아이스크림의 달콤함과 추운 날 입김을 불며 먹는 붕어빵의 맛을 새삼 느끼게 된다.

자연이 주는 기쁨은 어떤가? 비가 오는 날엔 외출이 불편하다고 집에만 있는 것이 아니라 아이와 함께 밖으로 나가서 첨벙첨벙 물장구를 칠 수 있어서 좋다. 물을 머금은 흙냄새도 그렇게 좋을 수가 없다. 비 오는 날 어디선가 나타난 개구리와 지렁이는 아이의 반가운 친구가 되어 주기도 한다.

앞으로 아이가 만나게 될 많은 경험이 지금처럼 단순히 몸이 즐겁고 마음이 행복할 수만은 없겠지만, 이왕이면 앞으로도 아이가 만나는 세상이 이런 모습이었으면 좋겠다. 그리고 아이를 통해서 나도 새삼 긍정의 씨앗을 찾는 연습을 해본다.

아이에게 네가 좋아하는 것을 찾으면 행복할 수 있다고,
좋아하는 것을 찾아 열심히 뛰라고,
우리는 용기를 준 적이 있던가?
그러지 못하는 이유는 단 하나,
아이를 믿지 못하기 때문이다.
혹시라도 내 아이가 잘못된 길에 들어설까,
길 잃은 발걸음이 낭떠러지를 향하지는 않을까
노심초사하기 때문이다.
우리가 아이를 믿을 때,
아이는 행복할 수 있는 길을 찾아 떠날 용기를 낸다.
부모의 믿음은 아이의 용기의 원천이다.
믿어주자!

– 김민경의 《괜찮아! 엄마는 널 믿어》 중에서

즐겁게 배우는 아이를 만들기 위한

KEY POINT

1 그림은 아이의 눈높이에 맞게 그려라

아이에게 멋들어진 그림을 그려주는 것도 좋지만, 그럴 경우 엄마에게 계속 그림을 그려달라고 요청할 수 있다. 자신은 엄마처럼 그릴 수 없다는 것을 알기에 지레 포기하는 것이다.
이것을 방지하기 위해서는 아이도 쉽게 그려볼 수 있는 기본 도형으로 그림을 그려주는 것이 좋다.
만약 아이가 엄마에게 물고기를 그려달라고 한다면 동그라미와 세모를 이용해 물고기를 그려주는 것이다. 쉽게 따라할 수 있는 기본 도형이기 때문에 아이에게 도전 의식을 심어줄 수 있다. 이를 응용하여 동그라미와 세모가 합쳐진 아이스크림, 네모와 세모가 합쳐진 집 등을 그려주면 좋다.
아이는 엄마가 안내한 방식에 따라 직접 사물을 그려보면서 그림을 그리는 것에 흥미와 자신감을 얻을 수 있다. 쉬운 도형을 통해 그림 그리기의 벽을 낮추었기에 가능한 일이 아닐까 한다.

2 새로운 경험 전, 간접 체험하기

아이가 5세 이전 유아일수록 새로운 환경이 주는 자극은 무척이나 크다. 그렇기 때문에 말을 하지 못하는 아기라도 환경이 변화하기 전에 설명을 해주는 것이 좋다. 엄마가 그림을 그리듯 설명하는 것도 좋고, 그것과 관련된 그림책을 보여주는 것으로 아이의 이해를 높여 불안 요소를 제거하는 것도 좋다. 알아듣지 못하리라 판단하여 생략하기보다는 아이가 이해할 수 있도록 간략히 설명해주면 아이는 두려움이 줄어들어 좀 더 적극적이고 즐거운 경험을 할 수 있다.

3 스마트폰보다는 책을, 가요보다는 클래식과 동요를!

아이들도 어른들처럼 강한 자극을 받으면 약한 자극에는 둔감해진다. 특히 텔레비전이나 스마트폰에서 접하는 강렬한 영상과 소리의 자극에 노출된 아이들은 책에 흥미를 느끼게 만들기가 쉽지 않다.
음악 또한 그렇다. 아이가 어리면 어릴수록 클래식이나 동요 위주의 잔잔한 음악부터 시작하는 것이 좋다. 그렇게 되면 아이가 들을 수 있는 음역이 넓어져 음악을 통한 즐거움을 배울 수 있다.
따라서 가능한 한 만 3세 전까지는 텔레비전이나 스마트폰보다는 책을, 가요보다는 클래식이나 동요를 접하게 해줄 것을 권한다.

12

엄마의 긍정적 반응이 만드는 기적

아이에게 엄마의 영향력은 얼마나 될까? 아이를 키우면서 엄마의 긍정적 반응이 미치는 영향이 정말 어마어마하다는 걸 매 순간 깨닫는다. 아이와의 일상들이 그 증거였고 수많은 시행착오 속에 가장 큰 핵심은 엄마의 긍정적 반응이 아이에게 미친 기적이었다.

얼마 전 부모 교육에서 접했던 한 실험 영상을 소개하려고 한다. 돌도 되지 않은 아이들에게 투명하게 아래가 내려다보이는 다리를 건너게 한 실험 카메라였다. 다리의 반대편에는 아이의 엄마들이 상반된 반응으로 아이를 불렀다. 한 엄마는 손뼉을 치며 아이를 격려하고, 한 엄마는 무표정으로 아이를 바라보기만 했다. 과연 아이들은 어떤 반응을 보였을까?

아이들은 아래로 곧바로 떨어질 것 같은 투명 다리에서 어김없이 반대편에 있는 엄마의 얼굴을 유심히 살폈다. 무표정으로 아이를 부르는 엄마에게 아이는 선뜻 기어가지 못했다. 반면, 환하게 웃으며 손뼉을 치고 아이를 격려하는 엄마에게는 아이는 고민도 없이 신나게 웃으며 기어갔다.

이런 영아의 반응은 단순히 그들이 어리고 엄마에게 더 의존하고 있기 때문일까? 아마 그런 이유만은 아닐 것이다.

우리 아이들은 성장하면서 수많은 시행착오를 경험한다. 다양한 사건과 사고 앞에서 포기하고 좌절하고 싶은 순간을 만난다. 하지만 그런 순간에서도 나와 가장 가까운 엄마가 전하는 긍정적인 반응은 다시 회복할 힘을 준다. 엄마의 "괜찮아"라는 말 한마디에 아이들은 위안과 함께 더 힘차게 달려갈 힘을 얻는다.

이것은 아이가 영·유아기를 지나 어느 정도 자신의 감정을 표현할 시기가 되어도 마찬가지다.

아이의 이야기를 듣고 아이의 감정에 공감하고, 나의 경험과 빗대어 엄마도 어릴 적에 그런 적이 있었다고 이야기해주는 과정을 통해 아이의 긴장은 거짓말처럼 풀어지고 긍정적 반응으로 이어지는 결과를 낳는 경우가 많으니 말이다.

아이들 입장에선 무척이나 심각한 일이나 걱정도 엄마의

따뜻한 격려나 위로로 쉽게 해결되는 경우가 많다. 그렇기에 아이의 불안한 마음을 무시하지 않고 아이의 입장이 되어 있는 그대로 인정해주는 자세를 취하는 것이 무엇보다 중요하다.

길게 이야기를 이어가지 않아도 아이를 토닥이며 "괜찮아"라는 말 한마디로 모든 것이 해소되곤 하니 아이들의 순수함이 참으로 어여뻐보일 수밖에 없다.

걱정이 아닌 기분 좋은 일이 있을 때도 마찬가지다. 아이가 신나게 재잘대면 집중해 들어줄 수 있는 경우도 있지만, 하던 일이 바빠서 그러지 못할 때도 있었다. 후자의 경우, 아이는 크게 실망하고, 신이 난 마음이 한풀 꺾여 순식간에 관심이 식기도 한다.

아이들은 순간순간 떠오르는 것을 이야기하기 때문에 나중에 이야기하라고 하면 대부분 무얼 말하려고 했었는지 기억조차 하지 못한다. 그 순간의 즐거운 감정이 결국 밖으로 분출되지 못하고 식어버리는 것이다.

그렇기에 시간이 허락하는 한 의식적으로라도 아이와 눈을 맞추고 추임새를 섞어가며 아이의 신바람 나는 마음에 공감해주자. 아이의 이야기를 집중해서 들어주는 것만으로도 아이는 신이 나고 자신이 사랑받고 있음을 느끼며 얼굴 가득 행복함을 표현한다. 엄마가 뭐 그리 대단한 일을 한 것도 아닌데, 아이는 가장 큰 선물을 받은 양 기뻐하니 엄마도 덩달아 행복감을 느낀다.

아이에게 많은 걸 보여주겠다고 여행을 가고, 좋은 공연을 보여주고, 맛있는 음식을 먹이는 것보다 가끔은 이렇게 아이에게 집중하는 10분이 더 중요하다. 진정으로 자녀의 행복지수를 높여주는 것은 '자녀와의 긍정적 관계'라는 것을 기억하자.

그렇다고 아이의 모든 행동을 무조건 받아주라는 것이 아니다. 이왕이면 자신이 처한 상황을 조금 더 긍정적으로 접할 수 있도록 아이에게 생각하는 힘을 길러주자는 것이다. 바로 이것이 '아이를 키우는 것'에 있어서 핵심이 아닐까 싶다.

엄마의 표정, 말 한마디, 손짓 하나에도 아이들이 영향을 받는다는 것을 기억하며, 오늘은 어떤 긍정의 씨앗을 아이의 가슴에 심어줄 수 있을지 고민해 보면 어떨까?

[아이에게 행복감을 안겨주는 부모의 말]

네가 엄마 아빠 딸(아들)이어서 정말 고맙다.

네가 웃기만 해도 세상이 다 환해지는 것 같아.

못해도 괜찮아. 틀려도 괜찮아.

네가 노력했다는 것만으로도 얼마나 기쁜지 몰라.

엄마 아빠를 도와주다니. 너는 천사가 분명해.

좋은 친구를 많이 사귀렴. 공부보다 우정이 더 중요하단다.

너를 칭찬하는 사람들이 참 많구나.

엄마 아빠가 항상 뒤에서 너를 지켜줄 거야.

네가 행복하면 엄마 아빠도 행복해.

– 정지은, 김민태의 《아이의 자존감》 중에서

Part 5

당신, 괜찮아요?

엄마 스스로의 마음 살피기

그대여
시행착오를
두려워 마라!

'시행착오'의 사전적 의미는 '어떤 일을 해내려 할 때 그것을 해내는 확실한 방법을 모르므로 막연한 생각이나 본능에 따라 실시해보고 실패하면 다시 다른 방법으로 고쳐 실시하는 것을 되풀이하는 일'이다.

어떤 목적을 달성하기 위해서 또는 어떤 문제 사태에 직면했을 때에 어떻게 하는 것이 좋을지 판단이 안 서면 이렇게도 해보고 저렇게도 해보게 된다. 어떠한 행동을 되풀이하는 과정에서 발생한 오류를 수정해 나감으로써 점차로 최적의 방법을 적용하는 것이다.

미국의 심리학자 손다이크는 시행착오의 반복을 연습이라

고 하였으며, 시행착오를 학습의 기본 과정이라고 하였다. 문제를 해결하는 데 걸린 시간은 시행 횟수가 증가함에 따라 감소하기 때문에 기회를 많이 제공하면 문제 해결 능력이 향상된다고 주장하였다. 그는 연습만으로도 학습할 수 있다고 하였으나 후에는 연습과 함께 주어지는 보상의 중요성을 인정하였다.

아이를 키워보면 우리는 수많은 시행착오를 만난다. 아무리 아이를 완벽하게 키운다고 한들 쉴 새 없이 바뀌는 환경에서 실수하지 않기란 불가능하다. 결국, 나와 내 아이에게 맞는 최적화된 방법을 찾는 과정, 그것이 시행착오가 아닐까?

처음 아이를 키우면서 자꾸만 실수를 연발하는 내가 안타깝고 못나보이고 한심하기까지 했다. 아이가 돌이 지나고, 두 돌이 되어서도 매번 그런 순간을 지나왔기에 이제는 '시행착오'라는 말에 익숙해졌다. 그리고 그 순간이 있었기에 나는 아이의 소리에 더 귀를 기울일 수 있었고, 내 아이의 성향과 기질을 더 잘 알게 되었다. 시행착오는 나에게 위기가 아니고 기회였던 것이다.

그렇다. 시행착오를 두려워 말자. 인생을 살아가며 처음부터 잘 해내는 이가 과연 몇이나 될까? 우리는 모두 처음 부모가 되었다.

각자가 가진 성향과 이미 준비된 마음가짐 그리고 저마다 가지고 있는 지식의 정도에 따라 출발선이 다르다. 그뿐만 아니라, 부모의 환경과 가치관, 아이의 기질에 따라 육아는 극명한 차이를 보인다. 어느 것도 정답이라 할 수 없기에 더 두렵고 실수투성이일 수밖에 없는 아이를 키우고 교육하는 길. 그러나 실수도 하나의 과정이라는 것을 알고 두려워하지 말았으면 좋겠다.

아기는 뒤집기를 위해 수십 번을 도전하고 걸음마를 완성하기까지 잡고 서고 엄마, 아빠의 손을 잡고 걷기를 수십, 수백 번 반복하고 연습해야 비로소 첫발을 홀로 내디딘다.

아이만 그럴까? 어른인 우리도 세상을 향해 나아가기 위해서는 끊임없이 도전한다. 그리고 어떤 일이든 처음은 모두 서투르다.

그런데도 유독 시행착오를 받아들이기 힘든 것이 육아이기도 하다. 열 달을 품고 나온 소중한 아이이기에, 그리고 사회에서 기대하는 부담감 때문에 주 양육자인 엄마는 실수가 상처가 되고, 시행착오를 죄의식처럼 여긴다.

'나도 저 사람처럼 잘 해내야 한다. 그래야 좋은 엄마다'라는 강박관념부터 벗어나자. 처음부터 잘하는 사람도 없고 둘째, 셋째라고 더 잘하는 것도 아니다. 둘째나 셋째를 키우는 것이 첫째를 키울 때보다 더 익숙하겠지만, 한배에서 나온 아이도 성향과 기질이 다르기에 익숙해진 양육법이 통하지 않을 수 있다.

나 역시 아이를 키우는 과정이 너무도 어려워서 혼자 아이를 안고 대성통곡을 하며 울기도 했고 좀 더 나를 도와주지 않는 신랑이 원망스러워 눈을 치켜뜨고 바라본 적도 있다.

어디 신생아 때만 힘들까? 이제 좀 육아를 알 것 같다는 자신감이 생기면 어김없이 등장하는 새로운 숙제들.

시간이 지나 가만히 생각해보면 그런 시간이 있었기에 내 아이를 더 이해하고 나 자신을 좀 더 이해할 수 있었다. 모든 것이 완벽했다면 깨닫지 못했을 '지금'이라는 행복도, 당연한 거라 여겼던 기쁨도, 지금처럼 더 감사하고 깊이 새겨지지는 않았을 것이기 때문이다.

그 당시에는 머리를 싸매고 눕고 싶을 정도의 큰 숙제라고 여겨져 그렇게나 우울하더니, 시간이 지나고 나니 그것을 통해 조금 더 성숙해진 나를 발견했다. 그렇기에 나는 시행착오에 감사한다.

위기는 곧 기회다. 위기를 그저 힘든 고난으로 여기고 불평불만을 늘어놓을 것인지, 현명하게 대처하여 좀 더 나은 내일의 그림을 그릴 것인지는 본인의 몫이다. 아이가 성장하면서 보이는 평소와 다른 문제 행동은 곧 내적 성장으로 가는 지름길이라는 것을 기억하길 바란다. 그래서 나는 늘 이렇게 이야기한다. 유아에게 일탈은 곧 성장이라고.

어리기만 하던 아이가 자꾸만 나의 영역에 들어오려고 하는 것. 그것은 아이가 스스로 해보겠다는 의지와 관심사의 표현임을 알아야 한다. 또한, 스스로 하기 위한 훈련을 하는 과정임을 인정하자. 굳이 엄마가 돕거나, 하지 못하게 억누르지 말자. 그러면 분명 한 뼘 더 성숙한 내 아이와 더 행복해진 나 자신을 만날 수 있을 것이다.

완벽하게 준비된 부모는 없다

세상의 모든 부모가 준비된 상태로 아이를 만나진 않는다. 저마다의 가치관에 차이가 있고, 내가 중요하다고 여기는 것의 기준도 다르다.

다만, 내가 새로운 생명을 잉태하고 그 생명의 부모가 된다는 것은 그 어떤 것과도 비교할 수 없는 귀한 경험이자 축복임이 분명하다.

'부모가 되어 보지 않고는 진정한 어른이라 할 수 없다'라는 말이 있다. 부모가 되면 내 삶의 변화가 크고, 그 속에서 감내해야 할 것이 넘친다. 이전에는 상상조차 할 수 없었던 일들뿐이다.

나를 비롯한 이 세상의 모든 어머니는 처음 '엄마'가 되는 과정이 쉽지 않았을 것이다. 아이를 낳은 뒤의 행복함과 맞먹을 정도의 우울함이 밀려올 것이고, 좌절도 경험할 것이다.

내가 아이에게 최선을 다했음에도, 오히려 잘하고 있는 건지 불안하고, 괜스레 미안해져 스스로가 작아 보였을 것이다.

하지만 그렇다고 '괴롭다, 지친다, 끔찍하다'와 같은 생각으로 하루하루를 보낼 수는 없다. '두렵다'라고 느끼면 끝도 없이 두려운 것이 육아이고, '즐겁다'라고 생각하면 한없이 즐거운 시간이 육아이다.

특히 온전히 내 아이와 나, 우리가 함께 할 수 있음이 허락된 시간이 아이의 영·유아기이다. 내가 준 사랑의 크기만큼 건강하고 밝게 자라는 아이를 보며 말로 표현할 수 없는 전율을 느끼게 되는 바로 그 시기이다.

그러니 두려워하지 말자. 육아를 겁내지도 말자. 처음 경험하는 것이기에 두려운 것이지 할 수 없기에 두려운 것이 아니다. 처음부터 잘하는 사람은 없다. 모두가 서툴기는 마찬가지이다.

그러니 우리 아이가 다른 아이보다 잘하는 것에 관심을 두기보다는 내 아이에게 맞는, 내가 옳다고 생각하는 방향으로 함께 걸었으면 좋겠다.

'아이를 자꾸 안아줬더니 손이 탄 것 같다', '자꾸만 안아달라고 한다', '안아줘야만 애가 울지 않는다' 등의 고민이 쏟아질 것이다. 정말 힘든 상황임은 분명하다.

그런데 혹시 알고 있는가? 열 달이란 시간 동안 깜깜한 엄마의 뱃속에서 오로지 자신에게 전해지는 심장 소리와 엄마의 목소리 그리고 전해져 오는 미세한 감정들. 오직 그것에 의존하여 세상에 나오게 된 우리 아이가 낯선 환경에 울음을 터뜨리는 것은 당연하지 않은가? 엄마가 곁에 없으면 종일 울어대는 것도 어쩌면 너무도 당연한 일이 아닌가?

상황을 어떻게 보느냐에 따라 내 삶의 질도 가치도 달라진다. 처음 아이를 만나 매 순간이 어렵기만 한 나와 혹여나 엄마와 떨어지게 될까 봐, 사랑받지 못하게 될까 봐 노심초사하는 내 아이가 느끼는 두려움의 강도는 비할 수 없기 때문이다.

그러니 아이와 육아라는 시간을 함께 거닐며 경험하게 되는 축복된 감정을 반감시키는 두려움은 이제 내려놓자. 내가 행복한 방향으로 내 아이와 함께 즐겁게 손잡고 여행하는 기분으로 매 순간을 만나보자.

그리고 아이에 대해 알아가고 배우는 것을 즐겨보자. 그런 생각의 전환은 두려움이 아닌 새로운 경험이자 도전이 될 것이다. 당신의 내일을 빛나는 순간으로 만들어줄 것이다.

한순간에 모든 것이 달라질 수 있다는 환상도 내려놓자. 한 걸음 한 걸음 정상을 향하는 마음으로 숲의 향기도 느껴보고 작은 꽃 한 송이에도 시선을 둬보자. 지저귀는 새소리도 가슴에 담아보고, 잠시 그루터기에 앉아 휴식을 취하는 여유도 가지면서.

아이의 울음에 겁내지 마라.
아이는 제가 가진 최대한의 노력으로 엄마에게
자신의 의사를 밝히는 것이다.
아이들의 언어인 울음을 왜 그리 두려워하는가.
신생아 때만 그런가, 아이들은 언어를 배우고 자신의
생각을 말로 표현하더라도, 온전히 성인이 될 때까지
울음으로 자신의 감정을 표출한다.
내 아이가 이제 말을 할 줄 아니, 울음으로 표현해서는
안 된다는 생각을 오늘부터 버려보도록 하자.

- 알프스하이디의 '엄마 일기' 중에서

엄마인 나를 칭찬하기

우리 엄마들은 아이가 태어나는 순간부터 환희와 같은 기쁨과 함께 자책과 반성으로 몸부림치며 하루하루를 살아간다. 내 아이가 엄마에게 조건 없는 믿음과 사랑을 주는 만큼 엄마도 그래야 한다고 생각하는 것이다. 그래서인지 아이를 키우는 재미를 느낄 여유도 없이 자꾸만 부족해 보이고 더 잘해야 한다는 강박에 스스로를 질책한다.

하지만 아이가 어느 정도 성장하면 공통으로 경험하는 것이 있다. 그렇게까지 애쓸 필요가 없었다는 것이다. 그렇게까지 아등바등하지 않아도 아이는 잘 자라고, 엄마의 사랑에 충분히 만족하고 있기 때문이다.

그래서 엄마에겐 육아 동안 나를 돌아볼 시간이 꼭 필요하다. 엄마로 살면서도 나 자신을 살피고 돌아볼 여유가 생겨야 지치거나 무너지지 않는다.

마음을 비우고 내려놓아도 어느 순간 또다시 나를 밀어붙이게 되는 것이 육아다. 이 글을 읽는 시간만큼이라도 그런 생각을 잠시 비웠으면 좋겠다. 그리고 나를 진정으로 칭찬하는 시간을 가져보길 바란다.

어제 아이와 어떤 하루를 보냈는지 생각해보자. 아이와 좋은 하루를 보내기 위해 엄마는 나름의 노력을 했을 것이다. 아이가 새로운 경험을 할 수 있도록 배려했고, 흔쾌히 시간을 내었을 것이다. 하지만 어느 순간 예기치 않은 상황으로 아이때문에 속이 상하고, 나도 모르게 아이에게 인상을 쓰고 언성을 높이지는 않았는지?

완벽한 사람은 없다. 누구에게나 그런 경험이 있다. 나 또한 엄마이기 이전에 하나의 작은 존재가 아니던가? 나를 돌아본 뒤에는 마음에 담아두지 말고 툭툭 털어내는 것이 중요하다.

아이를 키운 지 10년이라는 시간이 흘렀다. 나는 참으로 편하고 수월하게 아이를 키웠구나 싶다가도, 가끔 아이의 행동에 갑갑하고, 어떻게 대해야 할지 혼란스러울 때가 있다.

'아이가 자라면 더 수월해지겠지'라는 막연한 기대감도 있었다. 하지만 아이가 자랄수록 엄마에게는 아이의 인성이나 습관, 안전, 가치관 등 좀 더 어려운 숙제들이 생긴다는 것을 알게 되었다.

'어떻게 해야 엄마인 나에게도 좀 더 나은 내일이 될 수 있을까?' 하고 고민했던 시간들. 그 고민의 답은 '나를 칭찬하기'에 있었다. 처음 아이를 만났던 그날부터 지금껏 지나온 날을 되짚으면서 그 당시의 나를 칭찬하는 초심 찾기의 방법을 소개해볼까 한다.

칭찬 하나, 아이를 맞을 준비를 하다.

임신 소식을 알았을 때부터 태아를 이해하기 위해 많은 책을 찾아 읽으며 공부했다. 아이가 태어난 후에도 시시각각 성장하고 변화하는 아이를 이해하기 위해 월령에 맞는 자료들을 찾아 사전에 숙지하려고 노력했다. 그 덕분에 아이의 변화를 능숙하게 감지할 수 있었다.

칭찬 둘, 아이에게 맞는 환경을 정비하다.

일상의 민감기에 접어드는 14~15개월의 아이를 위해 아이의 눈높이에서 쪼그려 걸으며, 집안 곳곳에 아이의 시선이 닿는 공간들을 확인했다.

'아, 이 부분은 아이가 생활하기 힘들겠구나'라는 생각을 해보며, 욕실 세면대에 디딤대를 놓아주었고, 아이의 키에 맞는 수건걸이를 달기도 했다. 그 덕분에 "혼자 하고 싶다", "나도 할 수 있다", "엄마의 도움 없이 해내고 싶다" 등 혼자 하려는 욕구를 충분히 해소하며 자신감으로 이어지는 환경을 만들어준 것은 참 잘한 일이라 스스로를 칭찬해본다.

칭찬 셋, 일관성과 기다림을 가지다.

내가 육아를 하며, 매 순간 잊지 않고 노력한 것이 '기다림'이었다. 아이의 특성을 이해하고 기준을 정해 일관된 테두리 안에서 아이를 기다려주는 것을 엄마인 내가 생각보다 잘 해내고 있는 것 같다. 물론 그러기 위해서는 수많은 시행착오를 겪어야 했지만 말이다.

칭찬 넷, 자연과 소통하는 경험을 제공하다.

우리 부부는 신혼 때부터 여행을 즐겼다. 아이가 돌이 지나면서부터 조금씩 거리를 늘려가며 아이의 눈높이에 맞는 여행을 시작했다.

아이와 함께 다니다보니 나는 급했던 성격이 좀 더 느긋해졌고, 아이의 눈높이에 맞추다보니 세상에 소소한 아름다움이 너무도 많다는 것을 알게 되었다. 어디 그뿐인가? 2, 3살부터 폭발적으로 자신의 관심사를 표출하던 아이도 자신의 관심사에 따라 여행지를 선택했던 부모 덕분인지 놀라운 상상력을 보여주어 주위 사람들을 깜짝 놀라게 했다.

이렇듯 스스로를 칭찬하다보면 생각보다 칭찬할 거리가 많다는 것을 새삼 깨닫는다. 누군가의 기준이 아닌 내가 기준이 되면 동요를 한 곡을 불러준 것도 칭찬할 거리가 된다. 왜냐하면 우리 아이에게는 엄마의 목소리가 세상에서 제일 달콤하기 때문이다.

오늘도 내일도 우리의 육아는 현재진행형이다. 육아는 쉼 없는 반복과 노력 그리고 인내 거기에 하나 더 끊임없이 변화하는 과정과 시간 속에서 성장하는 나와 너를 만나는 시간이다.

조금은 답답한 상황이 오더라도 내가 그동안 얼마나 잘 해왔는지, 그리고 내 아이가 얼마나 노력하며 시간을 보내고 있는지를 깨닫자. 마음이 바빠질수록 천천히 걸으며 내가 가지고 있는 장점을 칭찬하는 일을 해보자.

어머니가 된다는 건 내 안에 있는 줄 몰랐던
강인함을 깨닫는 일이고,
존재하는 줄 몰랐던 두려움을 없애는 일이다.

- 마크 빅터 한센, 잭 캔필드의 《엄마라서 다행이다》 중에서

가끔은 나에게 휴식을 선물하자

아이를 키우며 가장 마음을 졸였던 순간을 고르라면 아마도 아이가 태어나는 순간부터 돌이 되기까지의 1년과 아이가 유치원을 입학하게 되는 시기, 그리고 아이가 초등학교에 입학하게 되는 시기가 아닌가 싶다.

물론 아이가 중·고등학교를 거쳐 대학교에 가게 되면 아마 그 또한 마음을 졸이고 긴장하게 되는 시기 중 하나일 거라 추측해본다. 변화는 늘 설렘과 걱정을 동반하는 시점이기에.

유치원 입학이 추첨제로 바뀌면서 원하는 유치원에 당첨되길 간절히 바랐고, 결국 '축 입학'이라고 적힌 쪽지를 뽑고서 눈물이 멈추지 않았다. 아이의 7살 겨울, 걱정과 기대로 맞이

한 초등학교에서의 생활은 엄마 또한 적응하느라 정신없는 매일이었다.

하지만 참 신기하게도 이러한 외부적인 변화에 어느 정도 적응이 되면 조급증과 비교하는 마음이 서서히 올라오게 된다.

어느 선까지 엄마가 개입해야 하는지, 언제까지 놀게 둬도 되는지 여기저기 정보는 넘쳐나는데 내 아이에게 그대로 실천해도 되는지 등. 기준이 서지 않은 상태에서 겪는 혼란과 마음의 동요는 어쩌면 너무도 당연한 수순이 아니었을까?

짧게는 몇 주, 길게는 몇 달로 이어지는 갈등의 시간. 그럴 때마다 이런저런 고민으로 밤을 지새우며 깨닫는다. 내가 아이를 처음 만나기 전의 순수한 바람과 아이의 유치원 입학을 앞두고 바랐던 그 단순한 마음과는 달리 지나치게 욕심을 담고 있다는 것을. 그러면 허탈한 미소가 지어진다.

이처럼 아이로 인해 중요한 결정을 해야 하는 순간에 머뭇거리게 되면 나는 처음 아이를 품었던 그 시기의 일기장을 다시 펼친다. 그리고 초심을 기억하길 바라는 마음으로 스스로를 토닥인다. 그 처음을 생각해보면 마냥 방글거리는 내 아이의 표정만으로도 모든 것이 좋고, 감사했기 때문이다.

그렇기에 엄마라는 이름으로 우리가 경험하는 수많은 갈등은 너무도 당연하다. 아이에 대한 열정과 사랑이 충만하기에 이런 과정을 거치는 것이다. 많은 고민이 밀려오는 날이면 가장 기본이 되는 것을 떠올린다. 그러면 어느새 마음에 여유가 생긴다. 여기서는 내가 다시 마음의 여유를 찾았던 방법을 소개해보겠다.

첫째, 엄마만이 할 수 있는 일에 집중하자.

'엄마만이 할 수 있는 일'이란 무엇일까? 공부를 가르치는 일은 선생님도, 아빠도, 언니나 오빠도 할 수 있다. 운동, 피아노 미술 역시 엄마가 아닌 다른 사람에 의해 배울 수 있는 것들이다. 책 읽기나 요리 또한 그렇다.

내가 발견한 엄마만이 할 수 있는 일은 '함께 공부하기', '곁을 지켜주기', '잠자기 전에 책을 읽어주기', '맛있는 아침식사 차려주기' 등이다.

그리고 무엇보다 엄마만이 할 수 있는 유일한 것은 엄마의 사랑이 담긴 포옹, 엄마의 따뜻함이 묻어 있는 칭찬, 엄마의 믿음이 가득 담긴 감탄이다. 엄마가 어떤 믿음과 기준으로 아이를 바라보느냐에 따라 아이는 달라질 것이다. 이것이 내 아이에게 나만이 해줄 수 있는 유일한 것이라고 생각하니 왠지 모르게 자부심이 샘솟는다.

'엄마만이 할 수 있는 일'이라는 말에서 엄마라는 이름이 주는 부담보다 우리가 경험해온 우리네 어머니의 모습이 떠오른다. 어머니의 따뜻한 말 한마디와 작은 행동에 우리가 얼마나 힘을 얻고, 사랑을 느꼈는지 말이다. 그만큼 우리 아이에게도 엄마가 주는 따뜻한 말 한마디와 작은 행동은 가슴 속에 오래도록 남을 것이다.

그래서 나는 오늘도 거창하지 않은 하루일지 몰라도 아이가 잠들기 전에 꼭 안아주고, 자장가를 불러준다. 종일 뛰어다녀 곯아떨어진 녀석의 다리를 주무르며 이런 소소한 사랑에 아이가 더 밝고 건강하게 클 것이라 믿어본다. 그것은 '엄마만이 할 수 있는 일'이기 때문이다.

둘째, 아이가 스스로 할 수 있도록 믿고 기다려주자.

초등학교에 입학했어도 엄마의 눈에는 아직 어리고 뭔가 어설퍼 보여 도움이 필요할 거라 생각되는 우리 아이. 그런데 영아기 때도, 유아기 때도 그리고 지금의 아동기에도 아이들은 자신이 스스로 할 때 가장 빛나고, 자신이 스스로 해낸 일에서 성취감을 느낀다.

내 아이를 위해서 엄마가 챙겨줘야 할 부분과 그렇지 않은 부분을 명확히 정하고 아이가 스스로 할 수 있도록 믿고 기다리면 어떨까? 아이가 걸음마를 떼던 시기에도, 하물며 처음으로 혼자 튀밥을 입안에 넣기 시작했던 5개월 때도 혼자 할 수 있는 부분은 분명 있었으니 말이다.

아이가 시기별로 자신이 혼자 할 수 있는 것에 도전하고 해내기 위해서 무엇보다 필요한 건 엄마의 다짐이다. 아이가 기관을 다니기 시작하면서부터는 스스로 책가방을 제자리에 둘 수 있고, 물통과 수저통 혹은 식판을 설거지통에 담을 수 있다. 또한, 아이는 스스로 자신이 입었던 옷들을 빨래 바구니에 넣을 수 있으며, 엄마에게 알림장(대화 수첩)을 꺼내 보여줄 수 있다.

엄마가 아이가 스스로 할 수 있는 영역의 범위를 정해주면 된다. 엄마는 다만, 아이가 제대로 잘하고 있는지, 실수하는 건 없는지 거리를 두고 지켜보면 된다. 그 정도면 될 것이라 생각한다.

아이에게 하나에서 열까지 '이건 했니, 저건 했니, 이건 챙겼니, 저건 어떻게 했니?'라고 묻지 말자. 너무 많은 질문을 하면 아이가 당황해하는 것은 물론 점차 스스로 하기보다는 엄마의 지시에 따르려고만 하기 때문이다.

아이가 스스로 자기 일을 해낼 기회를 주자. 서툴다면 도와주고 깜박한 날은 힌트를 주어 스스로 해낼 수 있게 하면 된다. 대신 아이가 해내는 과정에 아낌없는 격려와 칭찬을 보내주자.

더 많은 걸 해주고 챙겨주고 싶어도 조금만 참으면 아이는 스스로 할 수 있다. 그리고 자신의 모습에 자부심을 느낀다. 이것이 자기주도적인 삶의 토대를 마련하게 한다고 믿는다.

유치원에 들어가도 그렇고 초등학교 저학년 시기에는 기본적인 생활 습관을 몸에 익히고 자유롭게 사고하고 마음껏 상상하는 시기라고 생각한다. 아이가 오늘 해야 할 과제를 마쳤다면 그것이 무엇이 되었든 스스로 주도적으로 해낼 수 있는 미션을 주자.

우리 아이가 그랬던 것처럼 스스로 반찬을 만들어보겠다고 하면 엄마가 재료만 준비해주고 아이가 도움을 요청하는 선에서만 도움을 주면 된다.

만약 아이가 책을 읽든, 만들기를 하든, 만화를 보든, 그냥 뒹굴뒹굴 누워만 있든 아이의 행동을 느긋하게 바라보는 시간이 필요하다.

가장 중요한 것은 엄마, 아빠가 허용하는 범위 내에서라는 전제는 무조건 지켜져야 한다. 그래야 어느 정도 지속 가능성이 있다. 평일이 불가하다면 주말의 시간을 할애해도 좋을 것이다.

그렇게 조금씩 본인이 주도한 시간이 쌓여가면 엄마가 크게 많은 것을 준 것도 아닌데 아이의 만족도가 높아진다. 그뿐만 아니라 부모와 아이의 사이가 예전보다 좀 더 돈독해질 수 있는 계기가 될 것이다.

엄마와 아이는 함께 성장 중

아이와 같은 공간을 걷고 이야기 나누며 지나온 시간이 벌써 만 10년이 훌쩍 넘었다. 그동안 아이를 통해 많은 부분을 새로이 깨달았고, 아이의 기준에서 세상을 바라보는 눈을 가지려고 노력하면서 내 생각도 많은 부분 달라졌다. 이전에는 아이를 그냥 아이로만 보고 보호해야 할 대상으로 여겼다면, 이제는 아이를 하나의 인격체로 존중한다.

특히 아이를 키우면서 아이가 부모의 생각 이상으로 강하게 자란다는 것을 실감했다. 내 눈에는 아직도 챙겨줘야 할 것들이 무척이나 많아 보이는데 아이는 엄마의 도움이 불가한 상황이 되면 지금껏 당연히 그래왔다는 듯이 혼자서 많은 부분을 해낸다. 어쩌면 진작부터 자신이 할 수 있는 일이었음에도 엄마가 나서서 해주었기에 하지 않았던 것일 수도 있다.

아이들은 매일같이 성장의 길을 걷고 있기에 아이를 내게 속한 존재로 보기보다는 스스로 자립할 수 있고 해나갈 수 있는 독립된 존재로 보는 것이 옳음을 기억해야 한다.

아이들이 늘 그 자리에 머물러 있는 것 같아도, 문득 훌쩍 자라 있는 아이를 마주하게 된다. 이것이 너무도 자연스러운 아이의 성장이기에 불안해하고 초조해할 필요가 없다. 그저 평범한 일상처럼 편안히 바라보면 어떨까?

이제는 안다. 위기라고 느껴지는 순간은 일이 잘못되어 가는 것이 아니라 또 다른 성장의 기회라는 것을. 그렇기에 예상치 못한 순간에 벌어지는 아이의 실수도 언제나 반기는 바이다.

물론 그 순간은 답답하고 힘들게 느껴질 것이다. 그러나 분명 그 길의 끝에는 아이도 나도 성장해 있을 것이다. 그래서 나는 오늘도 지금 내게 숙제처럼 남아 있는 내 아이에 대한 고민을 또 다른 성장의 시작이라 생각한다. 분명히 이 지점에서 나와 아이는 성장할 것이기 때문이다.

아이의 자립을 돕는

KEY POINT

1. 아이의 연령에 따라 '할 수 있음'에 대한 영역을 부모의 기준에서 설정하고, 가능할 거라 인정되는 부분은 전적으로 아이에게 맡긴다. 그것이 아이의 자립을 돕는 시작이다. 아이는 자신이 스스로 해야 하는 것을 시행하면서 자립심을 키우고, 반복하면서 자신감을 얻는다.

2. 처음에는 다소 실수하고, 쉽지 않은 일일지라도 아이는 반복하면서 온전히 자신의 것으로 만들어낼 것이다. 그렇게 아이는 하나씩 자신의 영역을 늘려간다.

3. 아이가 위험하거나 옳지 않은 행동, 혹은 잘못된 말을 하면 부모는 그것을 바로잡기 위해 혼을 낸다. 그러나 부모의 입장에서는 정당한 말도 아이의 입장에서는 강압적인 명령이 될 수 있다. 타인에게 피해를 주거나 위험한 것이 아니라면 스스로의 경험을 통해 문제를 느낄 수 있도록 기회를 만들어준다.

육아, 잠깐이다

아이가 아주 어릴 때부터 지나가는 시간이 아쉽고 미련이 남았던 나인데, 아이가 성인이 되면 어떤 기분일까?

'육아, 잠깐이다'라는 문구 하나만으로도 많은 걸 느끼고 이해하고 공감하게 되는 건 그만큼 나의 아쉬움이 크기 때문일 것이다.

아이가 둘, 셋 이상인 엄마들도 "키울 때는 시간이 더디게 가는 것 같더니, 다 키우고 돌아보면 그 순간이 잠깐이더라"라는 이야기를 많이 한다.

하루하루를 세어보면 시간이 더디게 가는데, 일주일, 한 달, 1년을 놓고 보면 내 아이가 어린아이인 시간은 너무도 짧다. 아이가 10살이 되자 어릴 때 더 많이 안아주고, 쓰다듬어주지 못했던 것이 마냥 아쉽기만 하다.

늦은 시각에 잠이 들 때면 어서 눈 감고 자라고 엄포를 놓을 때도 있지만, 아이가 어느새 잠들어 새근새근 숨소리를 내면 매일같이 아이에게 들려주는 이야기가 있다.

"엄마는 언제까지나 너를 사랑한단다."

"엄마 딸로 태어나줘서 고마워."

"엄마에게 지니는 세상에서 가장 큰 기쁨이야."

아이의 귀에 나의 마음을 속삭이면 얼마나 가슴이 따뜻하고 부자가 된 기분인지 모른다. 특별한 노하우도, 비용도 필요 없는 내 마음을 온전히 아이에게 전하는 일. 엄마의 품에 파고드는 걸 가장 좋아하는 우리 아이에게 내 사랑을 매일 고백해 보면 어떨까?

아이에 대한 사랑을 기록하다보면 또 이렇게 아이가 사무치게 그리워지는 순간이 온다. 이제 조금만 참으면 녀석의 얼굴을 볼 수 있음에 엄마는 오늘도 이렇게 콩닥대는 가슴을 안고 아이를 기다린다. 내게 세상에서 가장 큰 사랑에 눈뜰 기회를 준 아이에게 감사하며 말이다.

모든 것이 다 지나가듯이, 육아 또한 잠깐이면 지나간다.
그 잠깐을 걱정으로 채우지 말고
즐거움으로 채워 가면
나머지 인생도 그렇게 채워질 거라고 믿는다.

– 박혜란의 《다시 아이를 키운다면》 중에서

엄마의 자존감이 먼저다

엄마로 살다보면 나를 살피는 일이 좀처럼 쉽지가 않다. 잘 해보겠다고 나서서 했던 일이 생각처럼 되지 않아 속상한 일도 많았고, 아이를 위해 최선이라 생각하고 결정한 일이 좋지 않은 결과를 낳기도 했다.

하루하루 잘 해보겠다는 마음으로 쫓기듯 시간을 보내면서 안 풀리는 순간이 닥치면 자괴감과 무기력감에 종종 빠질 때가 있다.

솔직히 처음에는 왜 이런 무기력감에 빠지는지 알지 못했다. 그저 '내가 목표한 바를 이루지 못해서 그렇구나'라며 욕심을 버리자는 마음으로 스스로를 다독였다. 훌훌 털어버리려 노력했고, 아무렇지도 않은 척 지나가기 위해 애써 태연한 표정을 지은 일도 많았다.

하지만 마음이 상했던 일들이 제대로 해소되지 않고 지나가버리면 그때의 일들이 다시 내 발목을 잡았다. '나는 왜 이것밖에 되지 않을까?' 하고 며칠 동안이나 마음의 병을 앓기도 했다.

아이의 엄마이기 때문에 나는 흔들리는 모습을 보여서도 안 되고, 나약해지는 것도 용납이 안 됐던 시간. 그러던 중 나의 자존감이 작아져 있다는 걸 알게 되었다. '아이의 자존감'에 대해서만 신경을 썼지, 정작 나의 자존감을 키우는 것에는 신경을 쓰지 못했던 것이다.

어느 상황에서도 긍정적인 사고를 한다는 평가를 받았던 나이기에 자존감이 떨어진 것은 놀라운 발견이었다.

예전에는 '괜찮아, 다시 하면 되지'라고 자연스레 넘겼던 많은 일이 '이건 왜 이렇게 된 거지?', '나 때문에 이렇게 된 건가?', '내가 이렇게 다시 해봐도 문제가 없을까?' 하는 걱정 근심으로 가득했다. 또한, 나의 의견을 내세우기보다는 지나치게 남편의 이야기, 아이의 이야기, 타인의 이야기에 귀를 기울였다. 그들의 기준에 맞추기 위해 내 생각을 무시하고 지나치는 일이 잦았다.

누구보다 내가 가장 관심을 가지고 살폈어야 했을 나. 하지만 나도 모르게 다른 사람의 기준에서 그들의 생각에 맞추어 생각하다보니 어느새 아이에게까지 영향을 미쳤다. 아이에게도 "네가 그렇게 행동하면 남들이 뭐라고 하겠니?"라는 말을 자주 하게 된 것이다.

그러니 아이나 남편에게 헌신하려는 마음도, 좋은 엄마나 아내가 되어야겠다는 생각도 내려놓고 내 마음의 소리를 들어야 한다.

20년간 자원봉사를 내 일처럼 하는 친정어머니를 보면 어떻게 저렇게 한결같이 봉사를 할 수 있을까 하는 의문이 들 때가 많다. 하지만 어머니의 말씀을 들어보면 그럴 수 있겠다는 생각이 든다. 누군가를 도울 수 있음에서 느끼는 행복과 보람이 원동력이 되어 지금까지 봉사를 이어올 수 있었던 것이다. 만약 남을 돕는 것이 누군가를 위해서, 누군가의 눈을 의식해서였다면 그렇게 오랜 시간 지속할 수 없기 때문이다.

자식을 향한 부모의 사랑이나 배우자를 향한 사랑도 마찬가지이다. 누구에게 인정받기 위함이 아니라 내가 나의 마음에 얼마나 드는가를 기준으로 삼아야 행복하게 즐길 수 있다. 언제나 내가 기준이 되어 스스로를 자랑스럽게 여기는 하루하루가 되었으면 좋겠다.

엄마라는 이름이 주는 힘

"엄마 품이 세상에서 제일 좋아."

"나는 엄마랑 안는 게 제일 좋아."

"엄마 목소리 들으니깐 너무 좋아. 엄마 보러 빨리 가고 싶어."

"엄마가 안아주면 나는 힘이 솟아. 엄마 나 충전 좀 해줘."

나의 지난날을 떠올려 봐도 '엄마'라는 존재는 특별한 힘이 있었다. 내가 지치고 힘들 때마다 엄마의 목소리에 참았던 눈물이 터지고, 마음이 사르르 녹아내리며 평온해졌다. 비록 몸은 멀리 떨어져 있어도 무조건 내 편이 되어 내 마음을 온전히 알아주는 엄마.

처음 아이를 키우기 시작했을 땐, 아이에게 내가 어떤 엄마로 그려질지에 대한 생각을 해본 적이 없었다. 그냥 나는 엄마이기 때문에 당연히 엄마로서 아이에게 해줄 수 있는 것에 집중했을 뿐이었다. 또한, '엄마가 되면 아이를 이렇게 키워야지' 하는 막연한 그림을 실천하며 아이를 행복하게 해주는 좋은 엄마가 되고 싶었다.

그런데, 아이가 성장하면 할수록 좋은 물건을 하나 더 사주고, 좋은 것을 즐기게 해주는 것보다 더 중요한 것이 있다는 걸 깨달았다. 그것은 아이가 필요할 때면 언제든 안심하고 자신의 이야기를 할 수 있는 존재가 되어 주는 일이었다.

걸음마를 시작하는 시점부터 무섭거나 당황하거나 속상할 때 본능적으로 엄마 품으로 달려오는 아이. 유아가 되고 아동이 되고, 청소년 그리고 성인이 되어서도 엄마는 언제든 쉴 수 있는 안식처이자 지친 나를 치유해주는 비타민과 같은 존재가 될 것이다.

아프고 피곤하고 힘들 때 그리고 꼭 어떤 문제가 있지 않아도 그저 외출 후 엄마를 만나게 될 때마다 "엄마"를 외치며 내게 달려오는 아이. "엄마, 나 충전 좀 해줘"라며 작은 팔로 나를 꼭 안는 아이의 체온이 난 참 좋다. 내가 뭐 그리 대단한 일을 한 것도 아닌데, 아이는 내 품에서 행복해하고 따뜻함을 느낀다. 정말 감사한 일이다.

그러니 아이가 나를 원하는 순간에 어느 때라도 힘껏 안아 주자. 이 시간이 아이가 편안함을 선물 받는 따뜻한 시간이라면, 엄마에게는 평생 가슴에 담고 갈 아이와의 몇 안 되는 특별한 시간일 테니 말이다.

아이가 스트레스를 받으면 안전한 항구 같은 엄마 품에서 위안을 얻기 위해 애착 행동을 보이고, 이를 눈치챈 엄마가 안아주고 위로해주면 아이는 엄마라는 항구에 닻을 내리고 평화를 찾습니다.
또한 마음속의 안전 기지로 엄마의 이미지를 만들어내어 엄마가 없더라도 불안한 상황을 헤쳐 나가려고 합니다.
아이가 애착 행동을 보였을 때 엄마가 이것을 잘 읽고 제대로 반응해주면, 아이는 편안한 성격을 가진 사람으로 성장하게 됩니다.

- 노경선의 《아이를 잘 키운다는 것》 중에서

9

느리게 천천히 지금에 감사하며

아이가 새로운 기관에 가고 더 넓은 사회로 나가면 엄마에게는 걱정과 설렘이 함께하기 마련이다. 아이에게 엄마의 감정이 고스란히 전해짐을 알기에 엄마는 불안한 마음을 숨긴다. 대신 “잘할 수 있어”, “오늘도 즐거웠니?”, “선생님이 너무 좋으시다”, “너무 재미있겠다. 엄마도 유치원에 다니고 싶어”, “친구들과 재미있게 놀다 와”라며 아이를 격려한다.

그래도 마음이 편치 않을 때면 일기장 가득 나의 마음을 기록하거나 아이의 기대감을 키울 방법을 고민한다. 아이가 어린이집에 입학하던 그날처럼, 유치원에 입학하던 그날처럼, 초등학교에 입학하던 그날처럼 말이다. 초등학교에 입학하는 아이를 위해 미리 학교 운동장에서 실컷 놀아보고 아이가 익숙해질 만한 가게나 문구점에 들르기도 했다. 또한, 아이가 환경에 잘 적응하도록 입학과 관련된 그림책을 읽어주기도 했다. 그러다보면 신기하게도 아이도 나도 어느 순간 긴장과 걱정이 눈 녹듯 사라지고 새로운 시작에 대한 기대감으로 충만해진다.

그리고 무엇보다 나에게는 믿는 구석이 있다. 우리 아이가 새로운 환경에 잘 적응할 거라는 믿음이다. 그동안 낯선 환경에서도 잘 적응해온 아이의 지난날들을 떠올린다.

그렇게 아이는 입학을 했고, 무탈하게 학교에 적응했으며 학교에 다니면서 이제는 제법 '언니가 되어가는구나'라는 생각까지 하게 되었다.

그렇게 시간이 지나고 이제 아이는 초등학교 고학년이 되었다. 많은 시행착오를 겪으며 아이의 성향과 기질은 좀 더 확실하게 보여졌고 아이의 마음의 소리를 따라 걸어오며 우리는 지금을 맞이하고 있다.

아이와 함께 차를 나눠 마시며 이야기를 서로 주고받는 사소한 행복. 아이는 엄마랑 같이 이야기하는 시간이 너무 즐거운지 웃음이 그치지 않는다. 아이는 자신의 생활 방식에 맞춰 그 속에서 규칙을 지키고, 스스로 할 일을 찾아서 해나가고 있다. 엄마랑 눈만 맞춰도 기분이 좋아서는 빙글빙글 웃으며 정체 모를 애교를 발사해주는 아이를 바라만 봐도 배가 부르다.

아이가 성장한 시기에도 이러하기에 유아일수록 아이의 학습보다는 정서적인 면을 나누려고 애써보면 어떨까? 아이와 멍하니 하늘을 바라보기도 하고, 신나는 음악에 같이 온몸을 흔들어보기도 하고, 간식을 함께 만들어 먹기도 하면서 말이다.

아이가 아직 언어로 표현이 안 되면 아이가 관심을 가지는 것들에 대해 엄마가 아이의 마음을 읽어서 표현해주면 되는 것이 아닐까?

수의 개념이나 알파벳을 알려줄 시간에 아이의 감정에 공감하고, 원하는 것을 같이 해보는 것. 그 시간이 아이와 내가 함께 나눈 행복한 유아기였던 것 같다.

세월은 유수 같이 흐른다. 우리가 머문 지금은 일 이년이 지나고 나면 아쉬울 순간일 것임을 알기에 이 찰나 속에 아이를 뜨겁게 안아주자. 세상을 향해 나아갈 아이의 뿌리에 건강한 영양분이 되길 바라면서 말이다.

스스로 성장하는 아이를 만드는 단단한 로드맵

지금도 종종 지인이나 블로그를 통해 이상적인 부모와 자녀의 모습이라는 칭찬을 듣습니다.

아이가 자유롭게 읽고 싶은 책을 읽고, 하고 싶은 것을 하며 본인이 알아서 스스로를 챙기는 환경을 만들어주었을 뿐인데 말입니다.

아이의 곁에서 기다리고 지켜보는 엄마와 느리지만 차근히 자기만의 방식을 찾아가는 아이를 보면서 누군가는 "이런 교육 방식은 우리나라에서 힘들지 않을까요?"라는 의문을 보내기도 했습니다.

저 또한 사람인지라 '이래도 될까?'라는 의문을 스스로에게 보낸 적이 많습니다. 초등학교 저학년부터 수학을 제대로 잡아주지 않으면 큰일 난다는 누군가의 말에 덜컥 겁이 나기도 했고, 학습지를 하거나 학원을 가지 않아도 괜찮겠냐는 누군가의 걱정을 그저 흘려듣지도 못했습니다. 아이 친구들의 생활 방식을 너무도 잘 아는데, 저라고 불안하지 않았을까요?

하지만 확실한 건, 아이에게 스스로 할 시간을 주었더니 아이가 더욱 단단해지고 있다는 것입니다. 학년이 올라가며, 몸이 자라는 만큼 아이는 저 스스로 해야 할 일을 의젓하게 잘 해나가고 있습니다. 자신이 할 수 있는 선에서 최선을 다하고, 결과에 아쉬움이 있더라도 크게 후회하지 않습니다.

아이는 자신이 못난 사람이라서 못하는 것이 아니라, 조금 더 노력하면 잘할 수 있다는 믿음으로 다음을 기약합니다. 누구를 탓하거나 상황을 불평하기보다는 더 나은 방향을 찾으려는 아이의 모습이 엄마의 눈에는 예쁘기만 합니다.

아이가 더 크면 또 어떻게 달라질지 물론 알 수 없습니다. 하지만 중요한 것은 시간이 흐를수록 지금 우리의 모습이 참 좋다는 것입니다. 아이가 원할 때면 언제든 두 팔을 벌려 아이를 꼭 안아줄 수 있는 지금이 저는 참 좋습니다.

아이는 놀이에 푹 빠져 있다가도, 몇 시간씩 집중해서 책을 읽다가도, 악기를 열심히 연주하다가도 어느 순간 제게 달려옵니다. "엄마랑 안고 싶어"라며 아기 때의 얼굴을 하고 말입니다.

그럼 저는 두 팔을 벌려 아이를 품 안에 쏙 안고는 내 사랑이 아이에게 온전히 닿을 수 있게 꼭 안아줍니다. 지금 아이에게 엄마의 품이 필요하다는 것에 감사하며, 덥거나 피곤해도 안아주는 것을 미루지 않습니다. 고작 하루에 한두 번 혹은 일주일에 몇 번뿐인 이 순간을 놓칠 수 없기 때문이지요. 이 순간만큼은 온전히 아이에게 마음을 다해봅니다.

여러 시행착오를 거쳤기에 지금에 이르렀습니다. 마음이 여유로우니 저절로 잔소리가 줄고, 아이를 다그칠 일이 없으니 저도 참 편안할 따름입니다. 그것이 지금은 시간적 여유가 넘치는 덕분이기도 하겠지만, 시간적 여유가 부족하더라도 지금의 이 감정을 아이가 고스란히 기억한다면 다가올 우리의 미래도 크게 다르지 않을 거라고 생각해봅니다.

내가 아이에 대한 욕심을 내려놓으면 화낼 일이 10분의 1로 줄어듭니다. 내가 하고자 하는 대로 끌고 가려다보니 아이에게 소리를 치고 욱하게 되는 것이지요.

수많은 강의와 책을 보고, 주변의 상황을 살펴보아도 우리 아이들이 살아갈 세상은 공부만 잘한다고 해서 성공하지는 않을 것 같습니다. 우리 아이들은 자신의 길을 스스로 만들어야 하는 세상에서 살아갈 것이기에 조금은 느리더라도 '내가 내 마음의 주인'이라는 것을 잊지 않는 것이 중요합니다.

사랑의 시작은 상대방에 대한 배려와 서로에 대한 이해에서 시작됩니다. 어른들끼리라면 서로의 의견을 조율하고 맞출 수 있겠지만, 그 대상이 어른인 나와 작은 아이라면 어른이 먼저 노력하고, 그들을 이해하는 것이 당연합니다. 그러다 보면 어느새 성장한 내 아이가 부모가 보여주었던 배려와 존중을 세상에 그대로 보여줄 것이라 믿습니다.

참고문헌

기무라 큐이치, 《칼 비테 영재 교육법》, 임주리 역, 푸른육아, 2006.

기시미 이치로, 《엄마를 위한 미움 받을 용기》, 김현정 역, 스타북스, 2015.

김민경, 《괜찮아, 엄마는 널 믿어》, 여성신문사, 2011.

나가에 세이지, 《아이의 민감기》, 김남미 옮김, 예문당, 2012.

나오미 알도트, 《믿는 만큼 성장하는 아이》, 이영 역, 북로그컴퍼니, 2011.

노경선, 《아이를 잘 키운다는 것》, 예담friend, 2007.

무라카미 료이치, 《하루 10분 엄마습관》, 최려진 역, 로그인, 2015.

박혜란, 《다시 아이를 키운다면》, 나무를심는사람들, 2013.

송재환, 《초등2학년 평생공부습관을 완성하라》, 예담friend, 2016.

서천석, 《우리 아이 괜찮아요》, 예담friend, 2014.

서형숙, 《엄마학교》, 큰솔, 2006.

EBS 아이의 사생활 제작팀, 《아이의 사생활》, 지식플러스, 2016.

EBS 60분 부모 제작팀, 《EBS 60분 부모 : 행복한 육아 편》, 경향미디어, 2012.

오은영, 《못 참는 아이 욱하는 부모》, 코리아닷컴, 2016.

오은영, 《불안한 엄마, 무관심한 아빠》, 김영사, 2017.
웨인 다이어, 《아이의 행복을 위해 부모는 무엇을 해야 할까》, 조영아 옮김, 푸른육아, 2015.
이시형, 《부모라면 자기조절력부터》, 지식플러스, 2016.
이영미, 《기다리는 부모가 아이를 꿈꾸게 한다》, 와이즈베리, 2011.
이임숙, 《엄마의 말공부》, 카시오페아, 2015.
잭 캔필드, 마크 빅터 한센, 《엄마라서 다행이다》, 공경희 역, 아침나무, 2013.
정지은, 김민태, 《아이의 자존감》, 지식채널, 2011.
조벽, 존 가트맨, 최성애, 《내 아이를 위한 감정코칭》, 한국경제신문사, 2011.
조선미, 《영혼이 강한 아이로 키워라》, 쌤앤파커스, 2013.
트레이시 호그.멜린다 블로우, 《베이비 위스퍼 골드》, 노혜숙 역, 세종서적, 2007.
하정훈, 《삐뽀삐뽀 119 이유식》, 유니책방, 2017.

기다림 육아

초판 1쇄 인쇄 | 2018년 8월 13일
초판 1쇄 발행 | 2018년 8월 20일

지은이 | 이현정
발행인 | 이원주

임프린트 대표 | 김경섭
책임편집 | 송현경
기획편집 | 정은미 · 권지숙 · 정인경
디자인 | 정정은 · 김덕오
마케팅 | 노경석 · 어윤지
제작 | 정웅래 · 김영훈

발행처 | 지식너머
출판등록 | 제2013-000128호

주소 | 서울특별시 서초구 사임당로 82
전화 | 편집 (02) 3487-1141 · 영업 (02) 3471-8044

ISBN 978-89-527-9273-0 (03590)